"我们今天可以穿着很好的衣服，

甚至有品位地生活，

外形很好，但内部是散的。

——这是很多人的状态"

然而，

内核稳定是人人可以修持的

心理学上称之为"心理灵活性"

《儒昂湾的房子》1923 年

世界向前，我们向上。只要留在牌桌上，就可以继续玩下去，像游戏通关一样，这一关通过了，便开启下一关。

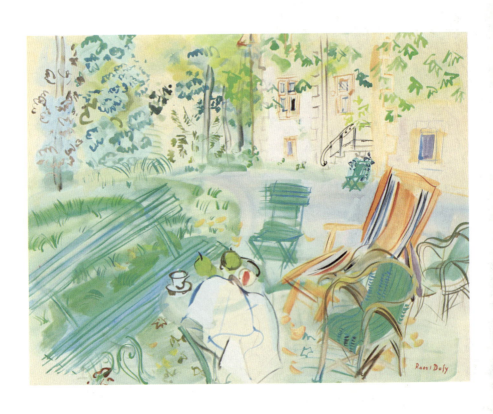

《蒙索内斯花园》1943 年

别把爱自己当成负担，不要把这件自然发生的事想复杂；也不要被消费主义裹挟。用直接、简单、便捷的方式真正爱自己。

《戈尔夫胡安的松树和帆船》1927 年

换一种活法，当你悲伤时，及时转念，事情其实并没有自己想象中这般糟糕。人生可以由自己构建，凡事发生，皆有利于我。

《花园》

比较与被比较很累心，我索性退出这场攀比游戏，
认真梳理我的朋友圈子，远离消耗的关系。

《一个人的铁路景观》约 1939 年

我们的内心是一块儿田，悉心播种，会收获
美好。若杂念滋生，任由杂草丛生，不仅荒
芜贫瘠无所获，还会在我们看到无所获时产
生负面情绪。

《尼斯海滨长街》约 1930 年

不要先在心里装满恐惧焦虑，交给宇宙去验证。保持空无的心，相信美好，吸收美好。每一个瞬间都有创造下一个瞬间的能力和可能。

《尼斯的天使之城》 1926 年

当破土而出的意念足够强烈，拥有耐心，那些种子总会发芽。工作、生活稳定的"三十岁 +"，人生奇遇时刻存在，我们终将抵达。

《六米帆船赛》

我们要一次次扬起自己的帆，带自
己去领略美好的风景，在与海浪搏
斗的过程中找到生活的乐趣，做自
己生活的掌舵手。

拉乌尔·杜菲

　　法国艺术家和设计师。早期作品先后受印象派和立体派影响，终以野兽派的作品而闻名。他的艺术作品描绘了休闲活动和城市风景，以对自然和宁静生活中一切生机勃勃事物的热爱为特征，将绚丽而直接的色彩与简化的人物形象和示意性的构图相结合，生动地唤起了现代生活的生动叙事。

精神上不受力

·活出内核稳定的转运人生·

文长长——著

贵州出版集团
贵州人民出版社

图书在版编目（CIP）数据

精神上不受力：活出内核稳定的转运人生 / 文长长
著. -- 贵阳：贵州人民出版社，2025. 6. -- ISBN 978-
7-221-18671-3

Ⅰ. B821-49

中国国家版本馆 CIP 数据核字第 2024RV3517 号

JINGSHENSHANGBUSHOULI:HUOCHU NEIHEWENDING DE ZHUANYUN RENSHENG

精神上不受力：活出内核稳定的转运人生

文长长　著

出 版 人　朱文迅
责任编辑　王潇潇
策划编辑　常晓光
封面插画　Paco_Yao
装帧制造　墨白空间·张萌
责任印制　常会杰
出版发行　贵州出版集团　贵州人民出版社
地　　址　贵阳市观山湖区会展东路 SOHO 办公区 A 座
印　　刷　天津中印联印务有限公司
经　　销　全国新华书店
版　　次　2025 年 6 月第 1 版
印　　次　2025 年 6 月第 1 次印刷
开　　本　889 毫米 ×1220 毫米　1/32
印　　张　7. 75
字　　数　120 千字
书　　号　ISBN 978-7-221-18671-3
定　　价　55. 00 元

贵州人民出版社微信

| 目 录 |

序言：生猛且有力量地活 / 01

 章一　精神上不受力，修持内核稳定

　　"任何人无论对你说的话做的事，以及发生
任何事情，你不太会难受，思绪和行为能力不受
影响。你依然每天，投入到生活和事业中，从有
成就感的细节里，吸取力量和好心情。"

——关于"精神上不受力"

精神上不受力，稳固内核 / 003

相信吸引力法则，生活朝预期的方向开展 / 015

凡事发生，及时转念 / 021

适度忽视，过自己的小日子 / 032

内核稳定内调更重要 / 045

（章二） 我选择留在牌桌上，创造新的叙事

> "我们这年纪'三十岁+'特别棒。在重新开始什么也不会尴尬的年纪里，最沉稳；在重新开始什么会有些别扭的年龄，最敏捷。"
>
> ——《浪漫的体质》

我选择留在牌桌上 ／ 057

中年女的转运清单 ／ 067

做自己的长期监护人，重养自己 ／ 079

翻篇，过真正滋养我的生活 ／ 087

坚定地站在自己这边 ／ 101

章三　允许情绪流经自己，不再精神内耗

"建一个自己的情绪阀门，喜悲自控，去感知那些让你充满能量的事物，允许它们流经你的身体，遇到那些会破坏你能量体系的存在，就把阀门关上，不让它进来。"

——翻篇，过真正滋养我的生活

课题分离，将自己与他人的情绪隔离 / 111

不焦虑心法：允许情绪流经自己 / 118

对自己诚实，减少身体的累、丧、卷 / 126

孤独是对生活的敏锐感知 / 137

知行合一，不再精神内耗 / 145

章四 命运的齿轮转动，融入我成为我

"我经由光阴，经由山水，经由乡村和城市，
同样我也经由别人，经由一切他者以及由之引生
的思绪和梦想而走成了我。那路途中的一切，有
些与我擦肩而过从此天各一方，有些便永久驻进
我的心魂，雕琢我，塑造我，锤炼我，融入我而
成为我。"

——史铁生

人生真的有"上岸"的那刻吗 / 155

永不失去发芽的心情，人生可期 / 162

一切都来得及 / 169

拨动命运的齿轮，融入我成为我 / 175

轻舟已过万重山，小满胜万全 / 182

做自己生活的掌舵手 / 189

后记：把目光从别处收回到自己身上 / 207

生猛且有力量地活

　　这篇序言，我拖了近两星期，策划编辑每每发来信息问序言的完成进度，我找各种理由推迟着交稿日期。并非我近来变得格外拖延，也不是因为忙得不可开交，写序言的时间其实是充足的。

　　近半个月来，我过得挺"窝囊"的。工作上被领导"挑刺"，对方毫不留情地对我讲了很多难听的话，不只是否定我的工作，还否定我这个人。那日，回到办公区，我趴在办公桌上委屈得崩溃大哭。隔了几日，领导得知这件事，把我叫去办公室，"谈心"之余，给我贴上"你就是性格太弱"的标签。

很奇怪的是，在公开场合向来伶牙俐齿，在大多数时候能很好周全自己的我，那一刻，听到他给我的贴标签评价，我除了觉得委屈与好笑，没有一句多余的解释，径直走出办公室。

在这件事之后的一段时间，我都在很认真地思考："有时很坚强，但有时也'软弱'的我是否真的拥有稳定的内核？内核稳定究竟是怎样的一种状态？"

有些苦，我这辈子都吃不了

我不是传统意义上无坚不摧的那种女性，然而，大多数时候，我很娇气，很挑剔，有时也很软。

大学毕业那年，我在深圳一家传媒公司上班，那是很好的工作机会，但我无论如何都不适应那座城市，身边人说"忍一忍""熬一熬""习惯就好了"。可我怎么都忍不下去，于是，不顾家人反对，我坚决辞职回到武汉。我那时候知道，有些"苦"，我这辈子都是吃不了的。

后来，我考上了县城老家的编制，是一份稳定且离家近、轻松的工作，但在体检、政审合格后，我又开始变得"挑剔"，我没办法接受自己一辈子待在老家，即便衣食无忧很稳定地生活着，我期待更多样的人生可能性。不顾父母反对，我手写了岗位放弃书，盖上红手印，递交上去。我那时候知道，我确实是一个很"挑剔"的人。

读研究生那三年，因为论文总写得不如意，在图书馆的楼道哭了无数次；因为导师的严格要求，担心不能顺利毕业，深夜躲在被窝里焦虑得哭了很多次；毕业季找工作，看到宿舍同学们纷纷拿到 offer，而我还在图书馆做着一套套考工作的卷子，等待一个不知道有没有结果的"上岸"机会，也曾因为试卷上不如预期的分数，眼泪一滴滴流，浸透一张张试卷。好在最终成功"上岸"。我也知道，有时的我，确实很软。

拒绝流泪羞耻

然而，虽然我有时娇气，吃不了很多苦；有时我很挑剔，心气高；有时我很软，对着生活中的难题哭过很多次。但是，迄今为止，在与这些难题的博弈过程中，我一次都没输过。

离开深圳，放弃老家编制工作，备战考研的那大半年，我过得非常辛苦。跨专业考研，一切从零开始，十几本参考书，一页一页背，一遍背不熟，那便背五遍、十遍，一天学十个小时不够，那便学十二个小时，甚至到最后哪个知识点在哪本书的哪一页哪一行，我都能脱口而出。我顺利考上心仪大学的研究生。很多人不看好的事，我做到了。后来，我知道，我不是不能吃苦，我只是不能吃我不愿意吃的"苦"。若我心甘情愿想做之事，赴汤蹈火，我也愿意。

而我并非只是眼高手低，徒有高心气的"挑剔"，我成功考入理想大学的研究生；我过上了我曾经向往的生活。我的"挑剔"只因我清楚，我想要过怎样的生活。

读研三年，即便哭过很多次，但每次哭完，擦干眼泪，我会继续硬着头皮往前走。我顺利毕业，靠着那份真诚与执着，最后也获得严厉导师对我的认可。那一张张被一滴滴泪水打湿，而变得一块一块硬硬的试卷，我都做完了，我如愿考取我心仪的那份可以很好养活自己、且能给自己托底的工作。我清楚，有时我会心碎，会难过，但我能哭着吃完一碗碗饭，哭着做好一件件事，我有足够的韧劲儿。**拒绝流泪羞耻，眼泪是表达情绪的方式，眼泪不该成为生而为人的弱点。**

每个人承受的重量不一样

在写这篇文章的此刻，我也找到了困惑我很久的问题的答案。

什么是真正的内核稳定？是不流泪、不心碎、不拧巴，时刻走路带风、每次都能快刀斩乱麻、每次都能将自己的风险最小化，总能周全好自己的各个方面，这样的人才具备内核稳定吗？

并不尽然。无时无刻做到这些的大概是"机器"，而我们是有情欲、有喜怒哀乐情绪的人类。

我也不再纠结领导口中那句"你的性格太弱了"，我是什么样的性格，不由他，更不由他人定义。我们每个行为的最终解释权，都只在自己手里。我哭，有情绪，领导或许觉得这是我情绪化、抗压力差，但其实，每个人承受的重量不一样。伤心、愤怒，这些既是我的情绪，也是我接下来战斗的武器。

故事的脚本由自己撰写，凡事在此刻或好、或坏，都无妨，只要自己好起来，一切往自己想要的方向发展，那就是好的结局。

允许并接纳自己

当有一日，我们不再在意旁人眼中的我们是否足够坚强、勇敢，我们不再去思考我们的内核是否足够稳定的那刻，这就是真正的内核稳定。

我们清楚，我们身上是有内核的，这股力量是始终存在的，所以，即便当下委屈、难过、遇到困境，那也是暂时的。允许自己悲伤、允许自己失意、允许自己陷入困境，给自己身体一些时间，也给自己内心一些时间，我们的身体和内心都有自愈机制。待到我们想要重新战斗，仍旧可以成为往昔那个常打胜仗的将军。

这是我的答案。我们可以追求某种状态，但永远不要被这种状态困住手脚。即便没有成为世俗的"成功"模样，无法成为"野兽"的我们，积极、努力、热爱生活，也可以拥有幸福，值得这世间一切的美好。

即便我写下这本书，我也想跟大家说：我们可以尽量去修持内核稳定，即使依然偶尔会心碎、挣扎、狼狈，那也没关系，允许并接纳这样的自己，尽可能地呵护自己的情绪，遇急事先做深呼吸，平复自己的心情，达到内心的平和，这很了不起。

真实地活着，是一种美好。

写这些文字时，我二十九岁。待到这本书与大家见面时，我应该三十岁了。

站在三十岁门口，我想对偶尔挑剔、甚至有点"软"，但该坚韧时又无比有韧劲的自己说：

"世界有时是个大型的草台班子，有的人在戴着一张面具'演戏'，有人在演强势，有人在演能干，有人在演情商高，有人在演人生赢家，有人在演心态好，不要被这些表面恐吓到，因为掀开面具，每个人都有各自的挣扎、纠结、困顿。尝试对'旁人的优秀'祛魅，去除内心的恐惧，禁止自我怀疑。**所有的事情本质都是心力的较量**，能沉住气的那个赢，能坚持到最后的那个赢。

请未来的你，无论做任何事，过程多坎坷、曲折，都注意保存心力，保持健康，葆有相信，尽可能将事情朝好的方向去引导、靠近。要一直有活力，有生活的动力，有长期生长的生命力。生活会奖励勇敢且向前的你。"

真心祝愿看到这里的你。

生猛且有力量地活。

文长长

写于 2024 年冬至

精神上不受力，
修持内核稳定

"任何人无论对你说的话做的事，
以及发生任何事情，你不太会难受，
思绪和行为能力不受影响。你依然每
天，投入到生活和事业中，从有成就
感的细节里，吸取力量和好心情。"

——关于"精神上不受力"

精神上不受力，稳固内核

世事多变，与其焦虑，我更倾心"活在当下"。在可控的部分尽全力，在不可控的地方保持好心态。不为难自己，放轻松。

精神上不受力

工作日下班回到家，吃过晚饭，躺在沙发上，准备一会儿洗个澡，开启床上躺的晚间生活。刚好刷到朋友在家自己煎中药的朋友圈，煎几个小时了还没煎好。

自从注重养生，我对调理身体这件事特别上心，也愿意与别人交流。于是，打开朋友的对话框，与朋友分享煎中药的方法，顺便问朋友看的哪位中医，效果如何。

朋友向来直爽，她经期不调，这个月生理期推迟半月还没来，她原本以为自己怀孕了，每日验孕，结果也没看到那两条杠，去看医院门诊，一些促进月经来的药吃了不少，依旧不调，于是转而看中医。

我问她，近来是否压力大，情绪低落。朋友回复近来工作上的人际关系压力大，经常生气。

老中医给她号脉，肝火郁结；做了相关检查，内分泌紊乱，确诊多囊。朋友三十岁，结婚两年，正考虑生育，调理身体这件事已提上日程。

那晚，跟朋友聊完，我马上从沙发上起来，换上运动衣，穿好运动鞋，去昙华林散步六公里。

我边走边与自己对话：生为女性，我们这一生都在与身体内的激素打交道，不能过多，不能过少，要守恒。三十岁的女性，想要身体不长结节、息肉，不增生，我们需要保持运动控体重、保证睡眠质量，最重要的是不生气。即生活规律，精神上不受力。

生活规律即遵循大自然四季的更迭规律，按照季节变化选择适宜的生活方式。那么，何为精神不受力？

"一个女生想要躺赢，一辈子命好，有一个秘诀，**精神上不受力。任何人无论对你做的事说的话，以及发生任何事情，你不太会难受。你依然每天，投入到生活和事业中，从有成就感的细节里，吸取力量和好心情。**什么叫受力呢？别人讲几句不好听的话，你就心情不好了，并且还影响你的思绪和行为能力。**一个女生但凡是精神上受力的都命苦，因为你总活在别人的眼光里，总是为难和内耗自己。**"

精神上不受力，真正内核稳定地生活。

在格子间里，可以有快乐的活法

周五快下班时，领导找我并笑盈盈地说："文长长，有两篇新闻稿要写，辛苦你这周六在家加个班，把新闻稿写出来，我们尽量早点发出来。"领导当面亲和客气地安排工作，我随之应允。

若是三年前，面对如此情况，当天下了班，我会立即找人吐槽"上一周班，我已经很疲惫了，怎么还好意思找我加班写新闻稿""这不是我的本职工作，不能因为我研究生学的新闻传播专业，就来给我增加额外工作吧"……

三年后的现在，我的心态发生转变。应下领导布置的工作后回到工位，收拾一下准备下班，我正常约朋友吃晚饭，度过愉快的周五晚上时光，周六早晨睡到自然醒，丝毫没被即将要写的两篇新闻稿影响心情。

起床后，我简单洗漱护肤，打开电脑写完第一篇新闻稿，而后给自己做午饭。蒸三色糙米饭、炒洋葱牛肉、做沙拉，再煮一碗菠菜肉丝鸡蛋汤，高高兴兴吃午餐，简单睡个午觉。起床后倒一杯山楂水，洗好想吃的水果，坐在电脑桌前开始写第二篇新闻稿。

全程无痛地写完新闻稿，没有一丝"反感""烦躁""不想写"的负面情绪。

我意识到，原来这叫不内耗。既然有些事，注定要面对；有些工作，注定要完成，我便欣然接受当下的客观事实，不指责，不评判，更不自怜，守护我的情绪。应允的事既已决定花时间去做，在这期间我的情绪保持平和不波动。

精神上不受力，珍惜情绪，能更好地工作。

我热爱我的工作，按时交付领导交代的工作，我内心有成就感；工作中取得进步时，我感受到自己的价值感；每天早晨给自己沏一壶养生茶，工作时喝养生茶，我感受到工作时身体健康的快乐；我每天上班上下午各预留十五分钟来锻炼，拍八虚或打太极拳，活动筋骨、疏通气血，我真切感受到上班的幸福感，身心被真正滋养。

在工作中精神不受力，不是不喜也不怒，变成一个只为上班的机器人，而是成为一个活生生的人，即便工作辛苦，也记得找寻其他的快乐。

在格子间里，可以有快乐的活法。

远离消耗的关系

同事跟我说："主任刚那样和你说话，是在批评你吧？"我看着她，反问道："我没感觉到，我觉得她只是在指导我怎么更好地处理这件事。"同事笑着说："这样也挺好，啥事也不往心里去，少生很多气。"

之后很长一段时间，我观察这位同事对同一件事持不同的态度。同事很轻易受别人一句评价的影响而生气，而我觉得笑笑就过去了。同事易被他人迁动情绪，现在三十七八岁的她，身体已经有结节、息肉、情绪病。

为何我不在意单位同事的看法？

因为我清楚，单位同事见到的我并非全部，而我了解自己是怎样的人；在单位里，与同事相处有礼貌、客气、互相尊重，做事中规中矩。

在生活中，与人交往，同样遵循"开心最重要"的原则。

我是一个不"纠结"的人，无论爱情、亲情，抑或友情，一段关系一旦需要我为之耗神，为其揣测，为其茶不思饭不想，更甚至需因对方而陷进负面情绪，我立即远离。

这几年，我认真梳理我的朋友圈子。与身边那些喜欢玩"比较"游戏的女友人疏远距离，不再参与她们近乎痴迷的"谁嫁得更好""谁对象家的房子更大""谁买的包最贵""谁又去哪里旅游了"的攀比游戏。我也不喜被身边的女友人暗搓搓比较，窥探我最近又被另一半送了什么礼物，打探我婚姻生活的模式，而后嫉妒、模仿甚至与我暗暗较劲。比较与被比较很累心，我索性退出这场攀比游戏，与她们疏远距离，远离消耗的关系。

　　三十岁，我不再生活在别处，羡慕别人的生活，我更不想自己的生活被人窥探、嫉妒。我决定过平静的生活，拥有简单的关系、知心的爱人、保持边界感的亲人、真心交好的朋友，有话直言、不嫉妒攀比、不消耗彼此、相互滋养，我们因对方的存在而更热爱这个世界。

不被逆境困住，主动给予爱

　　那日，师妹看到我社交平台发表的最新动态，找我聊天："师姐是如何把生活过得这般活色生香的？"在她看来，我的生活极其顺遂、平稳，毕业后顺利考上理想的工作，同时一直写书、经营自媒体，没有经济负担，是光鲜的存在。

我笑笑说："我最近生活、工作都不算顺，刚住医院半个月出院，工作上也有一堆'残余'等我回去收拾。"

她继续说："但我觉得，你事事都能轻拿轻放，安放妥当。日常生活里能量满满，丝毫看不出你被生活缠住的印迹。"

生活不会总可控的，但心态可以调节。生活不会一直美好，但我们拥有让好事发生的能量。

六月份住院的半个月里，恰逢博士大师兄和硕士师弟师妹们毕业，博士大师兄在我读研期间帮助我很多，硕士师弟师妹们也是非常好的弟弟妹妹们。那几日，我每天住医院打针四五次，吃几十颗药丸，情绪低落，每日都得哭几次。

身体难受，我本可以不送他们毕业祝福，但我没有这样做，他们辛苦好几年，终于拿到那张厚重的毕业证，是值得庆祝的。即便我不能到现场亲眼见证，在毕业典礼当天，我给他们分别订了花束，且真挚地编辑一段长文字发给他们，真心祝贺他们毕业快乐。

那日上午，收到他们的感谢，以及他们的毕业典礼照片，我隔着屏幕感受到他们的惊喜与感动，我跟先生说："虽然我现在因身体病痛内心焦急，但是感受到他们的快乐毕业氛围，我豁朗了许多，身心放轻松了。"

以前我身处逆境时，多因别人的帮助获得力量。这一次，虽也处在人生的雷暴天气，但我选择主动给予爱与温暖，在这过程中，我也感到疗愈。

被爱是幸福的，去爱人，也是幸福的。

顺境时热爱生活很容易，那如何在逆境中，真正做到"境随心转"呢？

我有时候遇到难事儿手足无措，也会哭、崩溃、心碎、想逃避，希望不顺遂的煎熬时刻只是一场梦。但大多时候，我身上似乎有个"难过暂停"开关，任何不顺遂难过一段时间，这场不顺里的所有负面情绪就会自动消失。

主观上不被逆境困住，恢复理智，认真分析得失，做从头再来的计划，专心朝着新目标前进。

不焦虑保持好心态

五月份去杭州旅行，进入灵隐寺里跟着行人一起数罗汉。从寺里出来，我上网搜索我数到的尊者的寓意，出来一首诗：

"山高路滑实难行，性好登高历艰辛。
一朝尽览众山小，却笑山下蚁行人。"

我跟先生说，确实好胜心强，总想赢，总想站到高处，的确辛苦。虽然这些年磕磕绊绊很艰辛，但好在每件事也有个圆满的结果。

先生回我，还有下一句："着是病本"。

他说："你之前过于执着，执着变好、变强、事事圆满，所以这几年过得很辛苦，伤身耗神。从今起，你要学会放过自己，让自己放轻松。"

我以往看老中医，也说我肝火郁结，平时生活、工作不要带太多情绪；要学会想开一点，不要事事挂心，耗神。

最近老中医再给我搭脉，惊喜地说："你气血这次挺足，近来生活状态一定不错，你已经学会如何与焦虑、负面情绪相处"。

那日，在读者群里收集大家感兴趣的主题，投票最高的是"自我和解、内心平静的方法"。

每个年龄段有每个年龄段的焦虑。十八岁，担心考不上好大学；二十五岁研究生毕业，担心考不上编制、找不到心仪的工作；三十岁，焦虑结婚、生育；四十岁，焦虑孩子的成绩与成长；五十岁，担心孩子大学毕业找不到合适的工作；六十五岁，面临退休的不适应症，担心健康，忧心衰老。

好像东亚人的一生，都离不开焦虑。

我以前很容易焦虑，为尚未发生的事担心，为做了但还未做成的事挂心，每日愁眉忧心不快乐。

这两年，像是突然被打开了任督二脉，一下子豁朗起来。那些注定会发生的事，担心也无济于事；那些尚未发生的事，提前忧心，只是自找烦恼罢了。

与其焦虑，我更倾心"活在当下"。未来是由当下创造的，好的未来发生是当下播种好，找到方法，播好种子，勤除草，多除虫，适当浇水。但若做到这些，还因为天气、时机等因素坏了收成，便是时机未到。尽几所能，遵守客观规律。

弄清事情做成背后的逻辑，就不再焦虑。

世事多变，在我们可控的部分尽全力，在不可控的地方保持好心态。不为难自己，放轻松。

那日，和大学老师聊天，她说："事情做得好与保持快乐、保持美丽并不冲突，不要顾此失彼，女孩子就是要快乐，要美。"

从今天起，快乐地生活，把事情一件件做好，漂亮地生活。

相信吸引力法则，
生活朝预期的方向开展

过分的担心，会影响自己的思绪和行为能力，我们投射在事物上面的负面情绪与负能量，会增加事物发展的阻力。放下担心，相信吸引力法则，积极明媚，稳步向前。

相信吸引力法则

二十五岁的单身女孩儿向我倾诉："妈妈总唠叨我如果岁数大了再结婚，身体机能会下降，生育会困难，且不易产后恢复。每次通话，总是被传递婚育焦虑。当下流行的自我预言，我预感我家人在对我进行恶毒的诅咒，诅咒我晚婚晚育且生育困难。"

她问我："三十岁的身体素质相比二十五岁时会差吗？"

我回她，从医学角度，年轻的适龄女性比年纪稍长的女性更易受孕及生育。

然而从身体健康角度，并不是某个年龄的身体更健康，身体健康与平日的运动、饮食、心态、作息都相关。三十岁后爱运动、懂养生、心态好的女性，比二十来岁天天吃零食、熬夜的女孩儿身体素质好。

她苦闷，自己注定晚婚，但父母时不时给她散播婚育焦虑。她委屈道："我时常感觉他们不是真的希望我过得好。"

我回她，他们是担心你，只是父母那辈习惯用焦虑、恐惧去催促子女做一件事。他们习惯恐惧，好意恶意都存在恐惧中。

我们自己也不止一次地对自己进行"负面预言"。日常生活中，一旦担心某件事，就把结果想得很糟糕，无限放大担忧与焦虑。从吸引力法则来说，我们那些负面潜意识也在对事物的发展做负面预言。

过分的担心，会影响自己的思绪和行为能力，我们投射在事物上面的负面情绪与负能量，会增加事物发展的阻力，不会让客观存在的事情变得更好，恰相反，甚至可能使原本客观存在的事物朝着更糟糕的方向发展。

放下担心，相信吸引力法则，积极明媚，稳步向前。

做让身体更好的事

我最近恢复运动，每日摊开瑜伽垫，跳操一小时。朋友惊叹我上半年两次住院做手术，这么快就恢复了元气。

我从未给自己的身体和精力设限。即便躺在手术室做术前准备时，我脑中也从未想过"我的身体就此变弱"，在那些时刻，我心中只有一个念头："这场手术结束后，我要健康饮食、运动，好好休息，使身体逐渐恢复到之前的状态。"

手术后，我静养了一段时日，复查时确认我身体恢复很好后，我开始尝试运动，先是轻度运动二十分钟，等身体适应后，逐渐增加强度，拉长运动时间，提高运动心率。

现在的我更注意一日三餐，不喝咖啡、不喝酒，吃得营养且健康；每日睡足八小时，保持精力充沛；每周泡脚、敷肚子三五次；每个月做推拿，定期做灸疗。此刻我的身体状态、精神状态比两三年前更好。

内核稳定，心平气和地工作

前几日，领导交给我一项很有难度的工作，我拒绝接这项工作，但领导很明确，不管我愿不愿意，这个工作都得由我来做。办公室同事听说了这事儿，跟我说："你接下来要辛苦了，这个工作是很难的。"

然而，我心态倒好得很。

我与领导说："您执意交给我这项工作，我服从安排，但如此艰难的工作我很难一时胜任，若做不好，请您包涵；我个人身体前段时间刚动完手术，目前处于康复期，要定期去做理疗，若身体突发状况，我要请假去医院，提前和您说明；我在做这项工作过程中，若遇到我解决不了的问题，还需要您的指导与帮助。"

工作有难度，用合理的方式表达事实及自身情况；在工作过程中，遇难题多鼓励自己，给自己积极心理暗示，内核稳定，而后心平气和地工作。

你相信，它就是你的命运

《秘密》一书提到："吸引力法则是客观的，没有好坏之分，它只是接受了你的思想，然后以生命体验的形式，把这些思想回应给你"。

我们的想法，影响了我们的命运。

看巴黎奥运会时，记者采访郑钦文："你相信命运吗？"

郑钦文回答："当一切进展顺利的时候，我就相信命运；当命运不站在我这边，我就不相信它。"

你相信，它就是你的命运。

我始终相信，人活着，脚踏实地比空想的焦虑实用。

凡事发生，及时转念

及时转念很重要。起心动念即因果，起心动念即未来。凡事发生皆有利于我，改变自己的念头，是提升自己能量最大、最关键的因素。

生活并不总是如愿

二十九岁生日那天，我送给了自己一份礼物——一场细致的体检。我许诺自己，从二十九岁开始，我要好好爱惜自己的身体。

生日那天早上，我去医院做了体检，体检报告显示："我的身体出问题了"。医生给出两个解决方案：吃药调理一段时间，可能哪天它就消失了，需要时间去尝试；另一个是，做手术切除，虽说是小手术，但毕竟伤了皮肉，对身体多少有损伤。

在医生说这些的全程，我都很淡定，没有电视剧里那般恐慌，更没有崩溃大哭。

医院的旁边就是宝通寺，走出医院，我转身进入宝通寺。我不知道在寺庙祈愿有什么要求，于是跟着前面一位并不认识的阿姨往前走，走进一个大殿，殿内有一尊很大的佛，阿姨跪在蒲团上祈愿，我也跪下了。

双膝跪在蒲团的瞬间，我眼泪止不住地流。我一边哭，一边在心里想：这三十年的人生，我认真学习、努力工作、热爱生活，也尽可能地给予身边人温暖。为何生活要这般惩罚我，生这场病。而且，从小到大我身体一向很好，顶多有点感冒咳嗽，我从没住过医院，我内心开始对即将到来的手术充满恐惧。

那日，我在蒲团上跪了许久。在那之后，我内心充斥着委屈，情绪消极，尽管我知道这并不利于我身体的康复，但在那半个月里，我的心情始终无法平复。

我不再抱怨生活

我决定去医院做手术。我跟单位请完假，挂到了专家号，很幸运当天就能住院。原本以为挂号、排队等病房、住院一系列流程繁琐，当真正去做时，不过是多跑几栋楼，多问几个医生，多花些时间等待而已。

我后来想了想，其实很多事我们在做之前，想得过于复杂了。事情是客观的，没有主观意志，若觉得一件事很烦琐，那是因为自己给这件事增加了自我意志。

那天中午我办理好了入住手续，但并未直接住院。我下午需要回单位做一项重要的工作，结束后再正式住院。晚上，我住进医院，我的病房是三人间，还有两个病友。

最里面靠窗的那个大姐正在做靶向治疗，她的头发已经掉没了，每日她年迈的母亲都会给她买好饭菜，而后督促她一口一口吃完。住院一般只需带简单洗漱用品，而在她床边放着两个大行李箱，在某种程度上病房成了她主要生活的地方。

我旁边的那位姐，四十岁。那日她与我同时进手术室，打了全麻药的我不知道手术做了多长时间，家属后来告诉我，我从进手术室，到麻药散去护士拍醒我，喊家属来接我回病房，总共一小时。而那位我旁边的大姐，硬生生在手术室五小时才出来。

我总共住院三天，在那三天里，我没有再抱怨过生活。

做完手术的那天下午，另一半搀扶我在医院走廊里走路，他问我："怎么感觉做完手术的你，状态比做手术前还好？按理说，手术后身体会虚弱。"

我回答："或许是我的'心病'好了。"

从查出我的身体出问题，到做手术，这近一个月，我怨恨过、委屈过、自怜过、害怕过、伤心过、焦虑过。我总觉得，自己运气不好，才会生病；我胡思乱想，是不是前几年我过得太平顺了，所以要给我的生活一些波澜；我担心过，做完手术能否根治，不再复发。我被这些负面的情绪笼罩着。

但当我看到同病房的病友，我突然被打开了，这场病或许是想给我提个醒："年轻时，可以努力拼搏，但一定要照顾好自己的身体"。我也很庆幸，在我尚年轻时来医院走一遭，幸好只是身体的小问题，易调理，也易恢复。

研究生时担心没办法顺利拿到毕业证；毕业后担心不被心仪的单位录用；工作很忙的时候我一天猛喝三杯美式咖啡，熬通宵写工作汇报。这三十年来，我常常担心自己不够努力，得不到自己想要的，过不上想要的生活。但是我从没想到有一天我的身体会出问题。

这般想想，如此走一遭，也挺好。自此，我会认真吃饭、睡觉，顺遂自己的内心，做滋养自己灵魂与身体的事，健康地生活。

凡事发生，皆有利于我

办理出院的那天上午，医生递给我出院报告单，上面记录着我住院期间做检查的结果，看到其中一栏的数据，我赶快打开半年前我的电子检查报告，跟医生确认"这是同一项检查吧"。医生看了说"是同一项，检查结果会有波动，根据显示，你的这项结果正朝着好的方向在波动"。

在那个瞬间，我再次感受到生活的正向指引。半年前，那项偏低的体检数据，我介怀许久，总觉着太用力地消耗自己的身体，以至于伤到了它。

为了身体的各项数据及时恢复正常值，这半年来，我尽可能地爱惜它。不熬夜，每日睡够八小时；每餐碳水、蛋白质、膳食纤维合理搭配；每天运动半小时，跳操或散步。而且，为了让我这副身体持久健康，我在人际上做断舍离，乱我心者，远离；扰我清闲之事，能舍则舍。如今的结果显示，我的身体朝着健康的方向在发展，会越来越好。

而这份健康的检查结果，也给予我充足的信心。世间事，没有什么是一成不变的。内心的信念足够坚定，脚踏实地地行动，日复一日，事情总会朝着好的方向发展。身体健康如是，关系如是，工作亦如是。

那日走出医院，那份对身体健康的心安，对做事的信心，对自我发展的笃定，全部涌上心头。

朋友开玩笑说："住院做了一场手术，仿若看了一场心理医生。"

我回复她："我现在越来越相信凡事发生，皆有利于我。我若非去医院这一趟，看到同病房里病友的煎熬模样，我不会想明白健康的重要性；若非住院时做了那些检查，得知自己身体正朝着好的方向发展，此时我还沉浸在'我身体变差了'的负面情绪中，不会明白带着坚定的信念科学调理身体，是有效的；若非我做这场手术，我不知道在身体的同部位还有其他的问题，但手术过程中医生一并解决了。"

有时候，生活会给我们发一组烂牌。最开始拿到那副牌时，很想当场扔掉，但并不现实，只能把这副牌打下去。打着打着会发现，生活给我们的每一张牌都有用，即便是最小的一对三，当对方手上所剩牌不多，这时候铤而走险，出一对三，对方要不上，我们顺势出完最后一张牌。即便没有赢得人生大满贯，但险胜也是一种胜利。

在这个过程中，要做的便是等待，别先乱了阵脚，等待柳暗花明，等到出现转机。

及时转念

前段时间，与我的大学老师聊天："可能在集体意识下生活久了，慢慢会淡忘自己原本的相信，如'你相信什么，你就会成为什么''付出足够的努力，足够的诚意，会实现想要的''好好吃饭，好好睡觉，保持好心态，很多亚健康会慢慢恢复'，然而等真正糟糕的事情发生时，心态好、相信一切没那么糟，全都抛在了脑后。得有人来提醒我，或受某件事的冲击，而后才慢慢顿悟，这个道理我早知道，原来解决问题的方式这般朴素。"

老师回复令我深思的一段话："当我们身体强壮时，我们抗压力越强，也越容易凡事往好处想；当我们身体不好时，我们抗压力会变弱，很多时候想法也会消极些。这里面又有一个循环，当你越往积极处想，身体自愈越快；当你思绪越消极，身体越差。"

最后，老师说："及时转念很重要。起心动念即因果，起心动念即未来。改变自己的念头，是提升自己能量最大、最关键的因素。"

换一种活法，当你悲伤时，及时转念，事情其实并没有自己想象中这般糟糕；想一些开心的事，积攒更多的能量去解决问题。很多时候，等你回过头再看这件事，要么事缓则圆，你所担心之事早已不再困惑你；要么积攒足够的能量，已找到妥当解决的方法。

我们要及时转念。

凡事相信，凡事期待

先生一直说我的心态真好，越是大事面前，我越淡定。他觉得我乐观，总能从一地鸡毛中看到希望和转机。

我积极乐观地看待生活的方方面面，好好生活。

我有自己的想法，但高浓度的敏感，有时会想得多。我选择成为能给自己希望的人。

既然困难无法避免，我对自己说："这些困难本意不是来打败你的，是命运想给我一份很大的礼物，但是它又担心当下的我承接不住，于是通过这种方式先让我去历练。等我完成课题，再归来时，这份礼物便会变成命运的奖赏。"

当我们不把困难当成困难，它们就不再能阻碍我们。当我们不事先预设糟糕情况的发生，事情将不会走向糟糕。

很长一段时间，我把这种奇妙的时刻当成积极心理的作用。直到我读研究生时，某日下午，我坐在会议室，导师正与其他几位老师讨论课题，导师提到："事物本身是没有意义的，意义是被我们赋予的。这世间任何事的意义，都是被建构的语言。"

那天下午，我本有些昏昏沉沉，但听完导师的那句话，我突然清醒。直到现在，我依然深刻记得。

这些年来，我凭着这股不服输劲头，保持着把当下不好的事转念为好事，好事当成幸运的事的积极心态，走了很远。我后来才发现，年少时那股不卑不亢的能量，是用自己的方式，构建属于自己的话语体系，创造属于自己的意义。

今天，我为这份意义找到答案：世事纷繁，但好在人生可以由自己构建；这世间可掌控的东西有限，但幸运的是，那部分不可控的东西背后的意义也是可以由我们构建的。好与坏，尽在自己的转念中。

当下的我构建自己"三十岁＋"人生意义的底层逻辑是：凡事发生，皆有利于我。

"凡事包容，凡事相信，凡事期待"。

适度忽视，过自己的小日子

适度忽视是可以修持的品质。好好地生活下去，忽视旁人的闲言碎语，不被他人的评论扰乱心神，过自己的小日子，照顾好自己的身心。

偶尔脆弱也没关系

写这本书稿时，我一直在思考：三十岁女性的烦恼是什么？真正面临和需要解决的人生课题是什么？

三十岁的女性，要过情爱关，要在爱与被爱之间寻找平衡，那个平衡点叫作"爱自己"；要过人情世故关，在一地鸡毛的各种杂乱中，断舍离消耗我们的人，建立自己的人际哲学；要过好自己的生活，在高脚杯烛光晚餐和平平淡淡的一日三餐间平衡，不艳羡他人，脚踏实地，在吃、穿、规律作息间找到生活的质感；要有自己的事业，独立、拥有稳定的内核，时常给自己买花买衣服增添生活的仪式感，掌握生活的主动权。

社交媒体把一个个三十岁的"成功"女性推到大众面前，视她们为三十岁女性的榜样。将所有美好的词语与寄托都赋予到三十岁的女性，要特别美、特别敢，工作优秀、家庭幸福，特别睿智、清醒、拎得清。有那么一瞬间，我突然好心疼三十岁女性，工作压力已然很大，"身兼数职"，却还被如此刻板要求。

但很少有人关心，普通三十岁女性真正面临的生活困境。

三十岁普通女性需要的不是旁人来告知要如何变美、变幸福，在日复一日的庸常中，我们更需要一句："我知道你撑得很辛苦了，别怕，这一路你不是一个人，我们一起慢慢走。"

三十岁的女性，也有不那么坚强，偶尔脆弱的时刻。她们需要陪伴与安慰。

适度忽视，过自己的小日子

六月我又住院了，比起四月份第一次住院，这次住院流程熟练许多。办理入院、预缴费、称体重做基本身体情况登记、去医生办公室填写住院信息；而后来到病房，找到病床，等待下一步的安排。

朋友问我怎么又住院了，我只回复她一句身体不舒服。她问我哪儿不适，我忽略不答。我不知如何开口"我怀孕了，但是情况很不好"，我担心我还没说完这句话，就已经泣不成声。

五月底查出怀孕后，我每周积极去医院检查，甚至为了防止糟糕情况发生，我早早地挂上保胎专家的号，每周去那儿做检查，积极关注胎儿发育情况。

但两周后，血值增长突然变卡，医生说："你是第一次怀孕，且是自怀的，我们谁也不清楚胚胎质量好不好，你还年轻，为什么非这么着急要保胎，万一它不好呢。"医生更倾向优胜劣汰。

我没办法接受这个结果，于是又去找我的保胎医生，在她说完"情况不好"这四个字，我眼泪唰地一下掉下来。医生问我还想不想试一试，还想试的话，就去办理住院，这边有专业的保胎团队，可能还有机会。

从保胎医生办公室出来，我坐在医院走廊的椅子上哭了好一会儿，一边哭，一边擦眼泪，不想让来往的行人看到我的无力感与难过。

稍微平复情绪后，我给单位领导打电话，电话没接通。我便给她发了微信语音消息，简单说明我的情况，并明确需要请假住院。在那条语音消息里，我提到"我住院，可能还有些机会能保胎"时，我的鼻子一下酸了起来，带了些哭腔。

领导看完消息，就给我打来电话，劈头盖脸对我一顿埋怨，责怪我怀孕不报备，现在单位很忙，我的临时请假，把局面搞得很被动。那一刻，我突然感受到女性在职场中的困境，我的女领导在得知我可能要流产，她的第一反应不是关心我的身体，而是责怪我请假对工作的影响。

从我查出怀孕，到被医生临时要求住院保胎，不到两周时间。我第一次怀孕，没有任何怀孕后该如何做的经验，考虑到怀孕前三个月不稳定，除了双方父母，我怀孕这件事并未告知任何人；我也没有因怀孕要求减少工作量，那半个月里工作一点儿没耽误；在签约工作时，合同里也没有"怀孕要马上报备"这一条。

通完电话，我坐在医院走廊椅子上，突然感到一阵心冷。

作为新一线城市的体制内单位，平日单位也有给我们人文关怀，但在得知女职工怀孕且可能流产后，领导第一反应仍是指责。那么，对于更多非体制内单位的适龄生育职场女性而言，她们在面临怀孕时，又是遇到如何艰难的困境呢？

在鼓励生育三胎政策的当下，女性生育自由仍只是一种理想主义。不想生育女性，被不停催生；想要生育的女性，除要承担生育的风险，还担心被领导指责牵连工作，影响职业发展。

三十岁女性的生育困境从不只是停留在口头上的"被催生""不敢生"。而是切切实实使女性忍不住流泪，还得赶紧擦去眼泪的悲伤；是擦干眼泪后还得继续硬着头皮说"不好意思，望您理解"的酸楚；是哪怕自己心里很难过，但还是强撑把情绪放一边，先处理好工作，才崩溃大哭的无奈；很多时候坚持没有意义，放弃也不容易，即便很想逃避这一切，希望一切只是一场梦，但第二天醒来，依然得面对。

我把这些感受写下来，想告诉此刻或未来会同样面临职场困境的女性："别怕，我与你感同身受。我懂你此刻的心冷、委屈，舒缓情绪做知自己冷暖的人，为自己坚强。孩子要生，同时继续做职场女性。要倔强地野蛮生存下去，工作机会是我尽全力考取的，不管被批评、指责，我会好好工作，需要请假时依然会请假。"

好好地生活下去，忽视旁人的闲言碎语，不被他人的评论扰乱心神，过自己的小日子，照顾好自己的身心。

于三十岁的女性，适度忽视是可以修持的品质，是我在这场暴风雨中领悟到的。

从小歌颂到大的母爱

住院的几天挺艰难的。

每日睁开眼，就是面临抽几管血、在身体的不同部位扎针三四次，肚皮被扎得青一块儿紫一块儿，抽血的两个臂肘窝青得发紫，护士每次找血管要找许久。抽完血、扎完针，上午打吊瓶，下午做针灸，每天吃二十几粒药。

我配合治疗，若情况好转，至少内心是宽慰的。最艰难的时刻是每日医生来查房，看着我的病历表摇头，留下一句："该用的药都用了，你的血值就不正常呢。"每次在医生说完情况不好后，我的眼泪立马掉下来，医生每每查完房，我总会失落许久。

后来医生护士们知道我总哭，再当面说病情时，都以安抚为主。医护们说："现在大环境不好，很多年轻人怀孕生育会遇到各种各样的问题，也有很多人前三个月自然流产。你还年轻，而且这是你第一次怀孕，其实你没必要花这么多精力去保胎，如果真的不好，保到后面再放弃，更伤身体，你得往长远看。"但那时的我，听不得这个话，听一次，哭一次，每天在医院都要哭上好几回，也没想要放弃。

一日早晨，护士给我肚子打针，针头扎进肚皮的瞬间，我眼泪止不住往下掉。打完针，先生问我是不是太疼了，我委屈地说："如果打针有用，再疼我也忍，可是好像怎么做都帮不了他，我好心疼自己，一针针地挨着"。

先生不忍心我再遭罪，他说："我们出院吧。"出院那天，先生认真地与我说："最重要的是你，只有你开心，你好了，他才能好；只有你健康，我们才有更好的生活。"

出院那天，医生给我停了所有的药，给生活一个顺其自然的契机，也给我一个缓冲的时间。

回到家的第二天，先生去上班，尽管我妈妈来照顾我，但我还是忍不住难过。晚上先生下班回家，我很难过的和他说："你们都在朝前看，向前生活，只有我还在原地，陪着我肚子里生长缓慢的孩子等待一个奇迹。"所有人都劝我放弃，但我就是没办法做到，尽管在这之前我也是一个杀伐决断的人。后来，我才明白，原来这就是我们从小到大歌颂的母爱。

过程曲折，但向前发展

其实，我挣扎了很久，才决定写下这段煎熬的经历。那段时间，我经常深夜醒来，默默流泪。我想从低落的情绪中走出来，我去搜索网上的治愈话语，翻阅了几本治愈系的心理书，也看了多位专家关于怀孕、生育的书，都没能安抚我的内心。

我多么希望能在文章里看到"胎停""流产""生化"相关疼痛经历的真实记录，而不是只理性且冷静地留下"胎停""流产""优胜劣汰"这几个字；我多希望有人能把她自己的流产经历及自愈过程写下来，而不是简洁地写"相信时间的力量"几个字。

　　既然都没有，那我把我怀孕流产的详细过程记录下来。

　　在那段日子里，很多人与我说"顺其自然""心态放平"，但我每次听到这些，我都好想反问一句："我现在无法平静下来，我很在意，很心痛，我想尽最大可能保住我的孩子，我该怎么办？"

　　我的母亲是一位在乡下长大的中老年妇女，她没有接受很高的教育，但在我最难过时，她用最朴素的话，告诉我怎么能做到顺其自然。她说："'他'如果要跟着你长，不管你做什么，'他'都会跟着你长，'他'都会是你的孩子。'他'如果不想跟着你长，不管你怎么做，'他'都不会长的。所以放宽心，好好吃饭，好好睡觉，做好你该做的，然后把选择权交给'他'。"

　　在她跟我说完这段话，我突然想到"缘分"这个词。

　　我也曾冒出"为什么这样倒霉的事偏偏让我遇到"的想法，在夜深人静时，躺在床上，我自怜自艾过。

　　同病房临床一个三十四岁姐姐，做过四次试管婴儿，最后一次终于成功但前期胚胎发育并不好，她也在医院花钱花精力保胎，生为女性，都不容易；隔壁床的小姐姐，是我单位在其他区的同行，她今年三十一岁，去年怀孕八周流产，今年怀孕又有不好的状况，赶紧来医院保胎。在怀孕生育这条路上，她走得跌跌撞撞，但擦干眼泪，还得坚强走下去；先生同事的老婆怀双胞胎四个月，每周都去做 B 超看孩子们的发育情况，但四个月时再去做 B 超，只有七天时间间隙，双胎脐带绕颈胎停，最终引产，她每天在家以泪洗面，但日子依然滚滚向前。

更年轻一些时，不太关注生育这件事，那时刻板地觉着生育之难，难在"怀胎十月，失去自由"；难在"生孩子时很疼且有生命风险"。当我真正到了生育阶段，走近生育这件事，才发现生育之苦远不止如此。除身体的疼痛外，怀孕这件事带给孕妈妈的精神压力很大，担心胎儿发育不好，可能面临流产的悲痛；可能面临一次次怀孕失败的崩溃，还要积攒重新开始的勇气。

"为母则刚"对女性而言，在成为母亲的路上，要承受更多的辛苦，从而更坚强和有勇气。

现在的我不会再觉得流产这件事特别悲摧，选择孕育一个新生命，如同我当初承受着父母的不支持，放弃老家事业编，坚决考研，坚持写作一样，都是我深思熟虑的决定。孕育生命这段路程会有坎坷、经历心碎，觉得自己撑不下去的时刻，如同曾经的很多次选择般，充满重重困难。

但那又如何呢，我依旧相信"事物发展的过程是曲折的，但是事物是向前发展的"的人生哲学，养好身体，用科学的方法，日日践行。如曾经考研、考编上岸以及坚持写书一样，终会抵达理想的彼岸。这是我的生活哲学。

保持正念，静待花开

那日，我沮丧地与一位长我十岁的姐姐聊，觉得自己很失败，工作、生活都弄得一团糟。

姐姐回我："人生本就是高高低低，快不快乐，满不满足，除了自己所处的状态，更是自己的心境，保持平常心，也许不久你就又会站到'高处'。"

在与姐姐聊完不久，我看《活下去的理由》时产生共鸣，作者之前有抑郁的倾向，书中分享了他的治愈历程，提到"高峰，低谷，高峰，低谷"，向下不是唯一的方向，如果坚守在那里，忍耐住，情况会变好的。然后又变糟，之后又变好。

生活不会一直好，也不会一直差。我们要在好的时候，快乐的生活，身处糟糕的境遇时，依然葆有希望、保持信念、养精蓄锐等待春暖花开。

那日我突然想开了，即使现在是我的人生低谷期，很难受，但是忍耐住，保持正念，吃好每顿饭，早睡早起，调养身体。心情变好，身体就会好，好运气将随之到来。

我们可以穿越暴风雨，感受狂风肆虐，但我们也知道，我们不是狂风。我们允许自己感受暴风雨，但我们也清楚，从始至终这只是天气的自然变化。穿过这场暴风雨，天空马上会放晴。

三十岁女性面临人生真实困境，真正需要的内核是什么？

生活充满着不确定性，但选择理解与接纳，带着自己的智慧与勇气朝前走，勇敢地带领自己一次次穿过暴雨。面对"三十岁＋"人生可能出现的不确定性及挑战，我们选择自救。

内核稳定内调更重要

　　身体体质会影响我们的情绪及看事物的方式。若身体处于平衡的状态，看待事物会平和；若身体里淤堵，气血流通不畅，身体处在失衡状态运行就不顺畅，潜移默化间脾气也会变大。

内核稳定内调更重要

　　昨日社群直播的关键词是"身体"。

　　去医院复查，老中医给我号脉、看舌苔、观察气色，一整套看下来，老中医慢悠悠地说："你平时应该爱生气，容易焦虑"。我问到："您怎么知道？"

老中医说："你属湿热体质，身体里有股火一直在烧，相当于整个人一直在火上烤，这种身体状态是不舒服的，所以平日外界稍出现不称心的事，你就被点燃了，易怒、易焦虑、易情绪低落。"

我回他："我一直以为我生性爱焦虑，心态急躁，所以平日情绪起伏大。"

老中医说："身体体质会影响我们的情绪及看事物的方式。从中医角度讲，若身体处于平衡的状态，看待事物会平和；若身体里淤堵，气血流通不畅，身体处在失衡状态运行就不顺畅，潜移默化间脾气也会变大。很多人没意识到，自己脾气差，情绪不好，其实和自身体质弱相关。"

"该怎么办？"

"降火、去淤、通气血。"

老中医给我开了张药方，还帮我预约了火龙罐灸。我躺在理疗床上，身上涂上一层药膏，专业的理疗护士拿着热热的火龙罐在我身上反复灸着。半小时后灸完，起身去煎药房取中药的路上，我突然感觉到一股饿意。与养生的朋友聊："我中午饭吃得可饱，甚至有点撑，吃完饭就来做火龙罐了，怎么刚过半小时就饿了。"

朋友回复到："说明你气血通了，身体热了，代谢变快了，是好事"。

那晚，我睡得极好，是近半月来睡眠最好的一次。第二天起床，整个人精力旺盛，心情愉畅，做事效率提高。祛湿气，清淤堵，降火内调，放松身心。

谈及如何做到情绪稳定：远离消耗自己的人；提高自己的专业能力；培养自己的好心态；多读书，学习别人的生活智慧。

近两年，身体抱恙频繁去医院，我以往的精力充沛，变成气血不足、体虚，每日花大量时间养护身体。依稀忆起二十岁时，大学教授在课堂的分享："当身体好的时候，抗压力更强，看待事物的方式更积极；当身体弱的时候，精力不足，抗压力也会弱，看待问题也会稍消极。"

比起方法论，内核稳定，内调更重要。

睡眠的五大基本功能

社群直播时的问答环节，在上海工作的二十五岁读者问："精神涣散时，应该让自己休息，还是通过喝咖啡等方式，强撑自己打起精神呢？"

二十五岁的年轻人，读书、见过更大的世界，有一份比较喜欢的工作，停下休息，担心被同龄人抛在身后；强撑自己打起精神，但状态不佳，身体疲惫，工作效率低。

我们这一代青年人，常陷入两难。

我与她说："如果是二十五岁时的我会跟你说，当然要喝咖啡强撑自己。二十五岁的我，一杯咖啡唤不醒，那便喝两杯，直到完全清醒为止；晚上十点还在工作，也要继续猛灌咖啡，哪怕熬一宿，也要把工作做到完美；即便许久没好好休息，身体很疲惫，但停下来第一件事不是赶快去补觉，而是搜各种激励自己的语句，鼓励自己再坚持。"

然而，如今三十岁，我的答案是：困了，累了，先好好睡一觉，精力充沛了再学习、工作，效率会提高。如果你选择通过透支身体去获得某个成就，让身体吃不必要的苦，之后的很长一段时间，又要用辛苦挣来的钱去医治身体。

中国睡眠研究会理事长黄志力指出，睡眠有五大基本功能：**恢复能量，清理代谢废物，存储与巩固记忆，提高免疫力和促进生长发育。**

好好睡觉，身体的底气会更足，让强健的自己去应对生活的挑战。

一日三餐，影响身体和情绪的能量

读者跟我说，她想要改变自己，于是从减肥开始，每日控制饮食，少吃多运动。然而吃得少，情绪就变得很差，当低落到极点，自控力崩塌，再也没办法用意志管住嘴，暴饮暴食后又充满愧疚，自责连体重都控制不住，就此陷入负面情绪循环。问我应该怎么改变这种局面？

我回复她："好好吃饭，坚持运动。"

近几年，目之所及的饮食习惯极端分化，要么极度克制，每日进食精准到克；要么敞开吃，打卡高油脂、高糖，甚至"科技与狠活"的网红小吃。在当下种类繁多的食品面前，看起来选择的多样性，用贝果或沙拉代餐；乌龙茶配牛奶，液断减肥；或者吃重油辣的食物自我满足。

这些食物吃的时候是开心的，但食物进肚，体验又极其诧异。轻则胃不舒服，一餐下去，一天不饿，浑身油腻不得劲儿，重则肚子不舒服、肠胃不适，更甚至细菌感染，引发各种疾病。

身体不舒服，心态便不平和，我们头脑发热地做不恰当的决定，说难听的气话，在后面的很长时间，我们又要为这些负面情绪的影响买单。长此以往，不快乐的事越堆积越多，身体的负担越来越重，形成恶性循环。

人生中不经意间经历的坎坷，其背后是由心态不稳时做出的不恰当决定引发的。

我越发清晰地感受到，一日三餐吃原生态的绿色食物，补充身体所需营养的同时，也滋养身体易消化，身体是舒适、轻盈的。头脑越发清醒，做事更明确。

注重平日里养生，内心是踏实的。什么时候该进食，什么时候应该停止；四季更迭不同季节的饮食方法，如冬病夏治，夏季吃什么会影响身体的免疫，所以三伏天要吃季节菜丝瓜、西红柿、冬瓜等降火祛湿。火气下降、体质变干爽，睡眠质量提升，精气旺盛，自洽生活。

一日三餐，影响着我们身体和情绪的能量。

运动是生活的最好解药

年龄尚小时，运动的目的就是变瘦。

二十八岁之后，慢慢明白运动的智慧。

一日挂了免疫科的专家号，我等待就诊期间，一位五十多岁的阿姨正在面诊，她说自己睡不着觉，睡眠质量差，医生给她开了几张检查单，末了跟她说："回去后一定要运动，散步、跳广场舞、爬山都行，久坐不动，身体就堵了，气血不通了，身体各方面机能质量下降。"

以前生病时总寄托于吃药解决，药到病除。长大一些才明白，很多疾病依靠吃药根治不了，想要真正保持身体健康，自己要多运动锻炼。

中年人的肥胖、"三高"（高血压、高血脂、高血糖）、失眠，最好的解药就是去运动；女性的结节、息肉、增生以及一些内分泌疾病，最根本的解药也是运动；一般人都逃不掉的感冒、发烧、免疫力差、身体有炎症，最长期有效的解药依旧是运动；甚至情绪低落，压力大总感觉有块儿石头压在胸口，最好的方法还是运动。

运动是生活中最好且性价比最高的解药。

每天运动四十分钟到一小时，把日常生活、工作中憋在心口的那口浊气吐出来，神清气爽；在运动的过程中能够激发身体的潜能，去修复、提高、突破，自己感受身体的能量，身体里的细胞感受到我们的力量；在运动中去相信，人生的很多事其本质与健身减脂一样，只要愿意花时间、精力坚持去做，身体会塑型，远方终将抵达。

从运动中感悟：释怀无关紧要的小事。拥有健康的体魄、有力量且灵敏的身体，就始终拥有人生的底气与勇气。

硬内核的真正底气来源于身体的力量。当身体是有充足的能量，撑起我们去拼搏、向前进，我们会更加相信自己。

好状态的人都在养生

朋友给我发来一个段子：情绪稳定的人，都在背后偷偷喝中药。她调侃我最近一天两袋中药，别人喝美式冲锋上阵，我在家喝着"中国美式"积蓄力量。

我回她："不止喝中药，我每日泡脚、运动、拍八虚；每周去做理疗，做火龙罐灸，按摩肩颈；每天吃维生素、坚果，补充所需能量，以及保证每日八小时睡眠。这一整套做下来，我感到身心平和、愉畅。"

对于大多数普通人，好心态、好状态都是可以养出来的：健康的饮食（少油，低盐，多蔬果）、适当的运动、良好的社交圈、优质的睡眠。当身体有能量，心情舒畅，生活自然顺畅，心态会越发平和。

我选择留在牌桌上，
创造新的叙事

"我们这年纪'三十岁+'特别棒。
在重新开始什么也不会尴尬的年纪
里，最沉稳；在重新开始什么会有些
别扭的年龄，最敏捷。"

——《浪漫的体质》

我选择留在牌桌上

不要先在心里装满恐惧焦虑，交给宇宙去验证。保持空无的心，相信美好，吸收美好。每一个瞬间都有创造下一个瞬间的能力和可能。

至难时刻

与朋友聊天，她倾吐生活的不快，我说其实我上半年也很难捱。

四月份生病住院一周，五月份查出怀孕，孕七周时血值翻倍不正常，住院保胎，六月份的二十天在医院度过，吃药、打针、抽血、输液，胳膊、手臂、肚皮上全是淤青。医院做了所有能做的保胎努力，情况依旧不好，医生劝我，"还年轻，顺其自然吧"。六月的最后一周发生稽留流产，先尝试药流，药流失败又转到妇科准备做手术，恰巧又是周五，我的情况还没到去急诊的要求，于是周六日忍着疼痛住两天院，周一才做流产手术。

朋友说："我不知原来短短几个月你经历这么多，从你社交平台分享的动态完全看不出你过得这般艰难。这段时间，你应该很痛苦吧。"

怎么不痛苦呢，六月住院的那二十天，我几乎天天哭。早晨医生查房，看到医生皱着眉头说我情况依旧不好，我当场大哭；护士给我打肚皮针，针头扎进去那刻，我痛得掉泪；躺在彩超室，医生说"胎心已经停了"，拿到报告走到医院走廊，我抱着先生泣不成声；当我终于决定放手，药流第三天，吃下药后半小时不到，开始又吐又拉肚子，还宫缩肚子疼，最疼的那个瞬间，我觉得活着好难、好痛；药流失败，转到妇科住院等手术，我第一次感觉周六日如此难熬，肚子最痛时晚上在病床上翻来覆去睡不着，眼泪一滴滴往下掉。

我选择留在牌桌上

住院的某个早晨六点醒来，窗外在下雨，去有屋檐的屋顶看雨，看雨点落在绿植上。想起小时候，下雨天无聊，也不便出去玩，就坐在窗边看雨，看雨滴在窗子上、地上的形状，看雨点大小，盼望着雨快点停。

如今，我早已不再讨厌下雨天，雨水并不能阻止我去想去的地方。只是偶尔，我还是担心预期的生活会被一场场突如其来的"雨"中断；担心雨水会淋湿衣服；担心躲雨时间太长会延误去往目的地；担心有些东西会发霉、坏掉。

在看雨的一个小时，我反复问自己：究竟是不喜欢"下雨"这件事本身，还是怕这场雨会影响你的生活？

我担心住院会打乱我的工作进度。我姐对我说："你的好胜心强，想要事事都是刚刚好的圆满，想要处处做到美满。"

在看雨的过程中，我与自己内心的不甘、自责、恐惧一一和解。

这份主动和解，已不是"我内心足够强大，所以我接受这种情绪，也允许这种情绪存在"。我以前总觉着"接受一切存在""允许一切发生"是强者的誓词，他们能够坦率且自信地说出，"无论生活给予我什么，我都选择接受"，多么浪漫且充满力量。

现在，我逐渐觉得"接受一切存在""允许一切发生"的底色是悲凉的。谁又不是在撕心裂肺、痛彻心扉时想要获得转机，最后发现即便花光所有力气，用尽所有能量，依然改变不了结局，只能被迫接受。此时，只有接受与允许，才会获得新生的机会。

在肝肠寸断、辗转反侧难眠时，在觉得自己已然山穷水尽后，还能看清事物的本质，只要那份做事的心气在，我就还愿意坐在生活的牌桌上说："我现在什么也不怕，我要继续留在牌桌上，继续玩下去，这一次我依然选择 all in（全部投入）"。

示弱，是一种生活智慧

二十岁那几年，忙着变强，不肯示弱，担心任何负能量的词语在自己身上出现。但在临近三十岁这一年，我愿意承认自己没有想象中的无坚不摧，我会疼、会哭，会难过、会悲伤。

流产住院那几日，每天仍是吃药、扎针活血。那日下午，扎针之前，我给领导发去一段长文字："我很抱歉，因为自己身体原因耽误工作，结果自己的身体还没恢复好。"领导看出我情绪不好，很快电话打来。

我躺在床上，肚子上、脚上扎着针，接起电话，听完领导宽慰后，我在电话里爆哭，一边哭一边跟领导说"我感觉自己弄得一团糟，请一段时间的假，耽误工作的进程，很难过的是胎没保住，自己的身体还没恢复好，我很自责"。那日，我以一种很不体面的方式，哭着把近期内心的苦楚与内疚，和领导一一诉说。领导宽慰我这段时间养好身体，先不想其他。电话结束，我感受到前所未有的放松。

记得在研究生毕业谢师宴上，我与博士大师兄碰杯时，他对我说："很多事，不要总是自己撑着，为难自己。试着用合适的方式，将你的压力告诉可以帮你消解这部分压力的人，这样压力就有一部分转移到别人身上，你会轻松很多。"

那时，我以为要学会倾吐，不要独自闷闷不乐。如今，再想起这番话，大概是我要试着示弱，开口告诉别人"我需要你的帮助"，学会将困住自己的那部分压力转移到给你制造压力的人身上，也是一种生活智慧。

我很高兴，三十岁的我想清楚一件事：我不需要总是那么强，我也不想总是那么强，我可以弱。

当我试着示弱，我将自己的自责与内疚告诉当事人，我不再强迫自己一定要内心强大，去迎合"励志作者"这个 title（称谓），我获得一股真正的力量。

柔软的，也是强大的、有韧性的。

不要先装满恐惧，交给宇宙去验证

支撑我向前走的时刻，是那些琐碎的日常。

我请假期间，单位需要提交个人材料，我鼓足勇气托同事帮我把文件同城邮寄给我，原本同事是比较高冷的性格，但没想到她很爽快就答应了。我和同事说："等我回去上班再来感谢你。"同事很严肃地说："有什么好感谢的，我只是把资料递到快递手中，刚好那天我也要去门房那边拿东西，顺手罢了。"她是善意的，怕我心里有负担，所以才把话说得直接。

研究生室友得知我住院，上完一天班，乘一个多小时地铁来医院看我，送给我一束鲜花，特意在贺卡上写着"tomorrow is another day"（明天又是新的一天）。怕我太难过，还与我分享了从未说过的自己的一次艰难时刻，她真的很想安慰我。二十来岁时，我把友谊看得很淡，女生之间的感情大多是攀比、嫉妒、背后议论，无聊透顶。待到三十岁，再看还留在身边的这些女性朋友，发现她们真的都好宜人。女性之间的感情，是发自内心的关心，以及互相帮助。

另一个女性朋友，我住院那段时间，她刚好在杭州旅游，得知我正住院疗养身体，就去灵隐寺为我祈福。她拍照发我的祈福带上，歪歪扭扭地写着"祝文长长身体健康，开开心心”，我很感动。

在我辗转反侧、夜夜不能眠时，我打开通讯录，鼓足勇气跟认识的一位作家卡西姐发消息说出我的困惑。我和卡西姐相识七年，我们同步写作、聊天，我们不在一个城市，但每次我困顿、难过时，她总能接住我。那几日，卡西姐与以往一样针对我当时工作、生活、身体上的烦恼，帮我一一开解，我的那份不安与焦虑妥善安放。

是我生活中这些可爱的她们温暖着我。

前几日，先生同我说：“晚上跟我们单位领导一起聊天，他们还跟我说让我多关心你的情绪，遇到这样的事情，你肯定得好久才能缓过来。但是，我看你现在的状态，每天笑盈盈地，言语间很积极，是发自内心的释怀。”

我微笑地回他：“你怎么知道我已经释怀了？”

他说：“你还记得吗，住院有一晚，你躺在病床上跟我说，你感觉自己把一切都搞砸了，感觉活下去好难、好累，真想眼睛一闭再也不用管这一摊事。你的那番话把我吓坏了，我当时还跟你说'如果你不想活了，那我怎么办'。我知道，那段时间，你是真的难过，也是真的绝望。我了解你，你的绝望很彻底，但一旦你想清楚了，你对希望的渴望及相信又会比寻常人更强烈、更笃定。"

为什么又重新开始相信？

有一段话我很有感触：**不要先在心里装满恐惧焦虑，交给宇宙去验证。一定要保持空无的心，相信美好，吸收美好。要相信，每一个瞬间都有创造下一个瞬间的能力和可能。这便是希望的来源。**

我选择握住当下这个瞬间的可能，丢掉恐惧与不安，再往前走一走，去看一看还有哪些奇妙在等待我。

我要做亲手创造自己未来美好生活的人，把握当下，强健身体，健康饮食，规律作息，像一只冬眠的熊，安静等待春天到来。生活要我蛰伏，我就蛰伏，耐住寂寞，在山洞里，把功练成。

我相信，尽力而为去做事，水到渠成，好结果自然而然地发生。

总有风雨，总有晴，是天气规律，也是生活的规则。只要耐心安心等待，总会天晴。

中年女的转运清单

随着年龄渐长，更加体会到时间的宝贵，更愿意把精力花给重要和热爱的事与人。全身心专注于自己做的事，致力于想要提升的技能和智慧，稳定增强自己的内核。世界是自己的，与他人无关。

勇敢跳出自己的舒适区

八月第一天，铺开瑜伽垫，戴上运动手表，在家运动一小时。这是自做手术以来的第一次运动，憋在心里的那口气终于发泄出来，很多事突然想通。

过去很长一段时间，我一到办公室情绪自动低落，且受其他同事对工作的消极态度影响，上班非常不快乐。在运动过程中，脑中突然出现一个念头："与其每日痛苦地度过，不如每天乐观放松地工作"。我决心带着愉悦的心情工作，做好情绪管理，使工作更少地影响到自己情绪。

我想到自己的生活，与其日复一日恍惚度过，等待生活偶尔的惊喜盲盒，不如从现在开始，换种生活方式，转变心态，主动去探寻美好的生活，增长新的技能，勇敢跳出自己的舒适区。

我想到自己的身体，过去几年的超负荷运转，熬夜学习、加班，身体长结节、息肉、乳腺增生，与其担心结节会不会变大，不如从现在开始，改变饮食结构，改变生活习惯，调节情绪，做爱惜身体焕然一新的自己。

我想到自己的身材，过去几个月吃了大量药片，出院后为给我养身体家人熬制各种补品，时常感觉自己像一个被吹得鼓鼓的气球。转变思维，做一个长期主义者，从此刻开始，每周运动三到五次，每次运动九十分钟，健康饮食，保证睡眠，重新还给自己一个健康有力量的体魄。

在那短短一小时里，我的状态由平日里的恍惚，变得积极热烈。能量的增加，情绪的高涨，远比我想象中来得迅速。

感受身体的需求

（1）与食欲和谐共处，吃得健康

前几天，在洗漱台洗手时，伸出舌头看着镜子里的舌苔不再发黄厚腻，心情舒畅，在我无意识状态时，我的身体已经有正反馈："最近好好吃饭，好好睡觉，成效明显"。

好好吃饭不仅能滋养身体，拥有好体魄，还会给予身体和思维正面积极的回应，使整个人处于一种正循环中。

营养学里，好好吃饭的标准是少油少盐，不吃油炸烟熏食物。这也是中医所提倡的滋阴，不吃太消耗身体水分的食物，保护津液。

注意补充足够的营养吃饭，皮肤会更好，身体机能会比实际年龄更有活力，身心会更轻盈。饮食改变所带来的正向发展，又给予自己信心与力量做其他事，以此形成正向循环。

（2）运动的多巴胺，是快乐的秘诀

最近恢复运动，我换上运动衣，带上运动手表，摊开瑜伽垫，打开运动视频，跟着健身博主一起跳操。

我快乐地运动，强身健体，增强力量，待到东风起，自能扬帆起航。即便东风还没到，当积攒的自身力量足够强大，自己成为东风，送自己乘风破浪。

（3）好好睡觉让人有灵气

朋友和我聊，前几年体检，检查有乳腺结节，在接下来的大半年时间里，她开始花大量的时间睡觉，困了睡，累了睡，心情不好睡，心情好也睡。半年后去复查，结节已完全消失。

　　我以前不了解睡觉的力量，后来体质变差，看中医，做理疗，那段时间每周都要去医院一两次，每次面诊，中医都会提醒我：回去后一定要注意好好休息。我最初理解的好好休息是躺在床上，不干重活，期间我不定时刷手机、看书。

　　隔了一段时间去复查，情况虽有好转，但未达到预期。医生问我是不是没有好好休息，我回复在家静养有一个月时间。那日医生给我开的中药添加了助眠的药材，每天喝两袋药，每晚十一点必困，一觉睡到第二天早上八点，睡眠质量极好。半个月后，再去复查，身体各项指标都在向好发展。

　　中医说，按照自然规律，春生夏长，秋收冬藏。入夜就该好好睡觉，熬夜等于在冬夜里消耗自己，到了第二天清晨到中午，就没有足够可用的精气神，下午到傍晚也就没有好丰收，进入下一个深夜，又会带着不圆满的心熬下去，以此恶性循环。

　　晚上一定要让自己平静地早早入睡。

积极专注于自身，稳定增强内核

（4）接触高能量的人，营造积极的能量场

接触生活中高能量的人，能够快速走出失意。

沮丧失意时，我都想办法拉自己走出泥潭。会认真思索最近我很想和身边哪个朋友见面聊天，于是主动把对方约出来，一起吃个饭。听对方分享生活中的趣事、近期生活中遇到的小波折以及如何走出波折的心路历程，感受对方的力量，从对方的人生经历中汲取能量。

我前段时间情绪低落，与博士师兄聊天，得知博士师兄最近正为毕业论文忙得焦头烂额，熬好几个大夜修订论文，等会儿还要找导师当面讨论论文。

与师兄聊完，我顿时感觉自己难过的事显得微不足道，对自己说："博士师兄这般优秀的人，他的生活依然有艰难时刻，关关难过关关过，师兄在勇敢地克服他的难关，我也要勇敢迎面解决我的生活难题。"接触高能量的人，自己内心会被积极、勇敢的正能量充盈。

（5）世界是自己的，与他人无关

生活中，想要活得快乐些，最便捷的方法是"简化"。不过分在意和推测别人的某个眼神、说的某句话或某个行为的含义，不去感受别人是喜欢自己还是讨厌自己，不复杂化很多事儿，减轻内心的负担，减少大脑不必要的思考。随着年龄渐长，更加体会到时间的宝贵，更愿意把精力花给重要和热爱的事与人。全身心专注于自己做的事，致力于想要提升的技能和智慧，稳定增强自己的内核。世界是自己的，与他人无关。时刻保持理智、清醒、客观。

（6）常说积极话，会变得有耐心，更沉稳

《吸引力法则》中的一段话："从某种程度上讲，我们希望自己成为什么人，就会成为什么样的人。心有所思，表于外相，我们每个人都是自己精神产物的作品。"

在日常生活中，爱说什么样的话，就有可能成为什么

样的人。若将"烦""累""不爽"时常挂在嘴边，久而久之，会感觉生活越来越让你烦，你的生活也会慢慢朝着"烦""不爽"的方向发展；若时常说："没事的，慢慢来，会变好的"，以平和的心态应对生活的挑战，自己将变得有耐心、沉稳且积极，生活会越来越好。

仔细察觉自己经常说出口的话，不要让日常消极的话语，成为人生的"自我预言"。

尝试改变自己的语言习惯，在日常生活中多说积极的话，给自己积极的心理能量。语言是一种力量，具有磁性。你拥有怎样的语言习惯，就会吸引同样的人和事。

尝试转念，保持勇敢

(7) 相信时间的力量，终将如愿

最近看巴黎奥运会赛事直播，运动员们斩获金牌的那一刻，我热泪盈眶。在那些时刻，我时常还会想：四年

前，人们还在为某个运动员失利而遗憾，这四年里的其他比赛中，可能有输过比赛，情绪低迷，以及不被看好的煎熬时刻。但是时间积淀的力量比想象中强大，四年之后，他们又站上了顶峰。

时间是奇妙且具有力量的。

想减脂、练出好身材，按照每日保持一定的运动量、合理饮食，半年，一年甚至三年后，练出自己满意的身材；想获得证书，参加考试，以卧薪尝胆的劲头全身心备考，有时间观念，耐心学习专业知识，相信时间的力量，终会如愿；想换种方式生活，便从此刻开始按照你喜欢的生活方式去生活，培养成自己的生活习惯，一年，三年，五年，再回首发现在不知不觉间已经过上自己想要的生活。

我们无法预测未来会发生什么，功成名就抑或是沉沦，现在要对时间有耐心，对自己坦诚，努力生活，去逐步靠近理想的生活。

（8）我决定幸福地生活

曾有一段时间，我很不快乐，患得患失、过分担忧未来、为不确定性的一切焦虑，然而当时的生活、工作都处于稳定状态。

直到有一天，我脑中突然跳出来一句话："我决定幸福地生活"，我当时所有的焦虑立即消散，潜意识里的我把现实生活中的我治愈。

从那一刻开始，我下定决心，要幸福地过好一生，无论以后遇到怎样的挫折，我都要活成一个幸福的人。吃喜欢的食物，穿喜欢的衣服，爱当下所过的生活。

幸福是一种选择，当你决定要幸福地生活，并时常提醒自己，你感知幸福的能力会变强，创造幸福的能量会增大。

（9）保持勇敢，你永远可以重新开始

我很喜欢霍金斯情绪能量层级图，平时会比照层级图为自己情绪打分。那日社群直播课，我分享霍金斯能量层

级图时说："在霍金斯能量层级图中，低能量与高能量的分界线是勇气。很多时候，保持勇敢，那么不管遇到什么，你永远可以重新开始。"

上学时，考试成绩下滑，仍有期待，有勇气，觉着自己努力学习，会考好的。长大后，随着身上背负得越来越重，承担的越来越多，然而顾虑也变多，束手束脚起来。但其实，无论多大年龄的我们，都应该保持勇气，练就稳定的内核，应对生活的挑战。

失败没有想象中可怕，跌倒了，爬起来，拍拍身上的灰，继续往前走，没那么糟糕。

当你越怕一件事，这件事很可能会发生。当你足够勇敢，越是无畏、无惧，反倒能做成很多事。跟生活交手，你强，它变弱，你弱，它就强。

（10）尝试转念，感知善意

我们不去寻找不幸的证据，不去寻找被辜负抑或被欺骗的证据，不带着悔恨与痛苦生活。

怀着恨意看生活，生活处处不值得；尝试转念，带着善意看生活，感慨自己走到今天足够幸运，尤其遇见那些善良、温暖的人们。

当我们感知善意，内心开始滋生美好。当用一颗美好的心感受生活，会发现生活的精彩，以此进入正循环。

我很喜欢一个词"趋吉"，我们做任何事，都朝着积极的方向去期待、推动和相信。这份坚持与变通会形成一股力量，成为你的助力，增加赢的概率。

来到三十岁，尤其相信这份信念与力量。

如何旺自己？

足够渴望、相信，踏实去做，终将抵达美好。

做自己的长期监护人，重养自己

　　做自己的长期监护人，重新养育自己一遍，重养自己的精气神和生命力。"真正的强大是一种'顺从'，顺现实，从规律，合于道。我不总那么强了，我可以弱。"

做自己的长期监护人

　　周末先生出差，我一个人在家睡到自然醒，简单洗漱，换上一身颜色鲜艳的衣服，带上电脑、拿起包，打车先去医院给先生拿检查报告。取完报告，我去到经常去的咖啡厅点一份贝果、一杯红茶，选个喜欢的座位，坐一整天。

今日计划是，写一篇称心的书稿，傍晚再和朋友约饭，饭后在江边走走。

听完我的计划，先生开玩笑说："你嘴上说着舍不得我出差，一个人在家无聊，待我真正出差了，你日子安排得比我在家时还丰富热闹，你向来不会亏待自己。"

想起前一日，与朋友约好下班时间碰面，结果临下班时领导突然交代她一项工作要尽快完成，她得做完工作再来找我。放在以前，我得"理直气壮"地生气，打起"要不今天不见了，还要等她一个多小时，好麻烦"的退堂鼓。

但我听她说完，平静地回复："你加完班还想聚吗？如果你觉得累，我们改天约；如果你依然想见面，我在这儿等你，你也不用急按你的进度来，我今天不赶时间。"她选择了后者。

等待的那一个多小时里，我走进周边商场，试穿好几家的衣服，还买到了喜欢的衣服。

年少时讨厌等待，如今长大，逐渐松弛，有时停下来，在需要一个人度过的那些时光里，我乐在其中。

余生，做自己的长期监护人，重新养育自己一遍，照顾好自己的身体，关照自己每刻的感受。

抓住零碎时间，让身体动起来

三十岁，我从我的人生字典里丢掉"减肥"二字，不再追求瘦，不再执念体重秤上达到的某个数字，我依然运动、控制饮食，只为健康。

我想气色红润、嘴唇血色正常、双腿匀称有力、不长结节，嘴唇微微向上，内心充满欢喜。

我开始散夜步，晚上七点，在霓虹灯下，围绕城市街区，或大学操场、公园，散步一小时，看风景的同时锻炼身体。走到双腿微微发酸，身上微微出汗，回到家洗个热水澡、泡脚。之后躺在床上，按照中医方法，捶一捶，按一按身体的穴位和筋脉。从日常小事做起，一点点养好身体。

我很少再吃零食，上班路上有家开了几十年的老面馒头店，每日路过我都花一块钱，从店里买一个馒头。同事开玩笑问我，为何每天带一个馒头来单位，又不是食堂不管饭。我为自己储备些干粮，有时食堂饭菜不合我胃口；有时嘴巴就是想吃点啥；有时下午饿了，总之得准备些吃的。我身体很敏感，水果坚果不能多吃，零食我也控制，便吃老面馒头，健康、满足味蕾，还能补气血。

办公室一个长我几岁的同事，每天下午三点，在她的办公区有一块清理出来的空地，跟着手机视频做运动。那日，看着她在那做运动，我在旁边随着做了几下，同事马上邀请我与她一起。于是，每日下午，我和她一块儿简单运动二十分钟，拉伸筋骨，舒展身体，活络气血。

任何细微的动作，任何随处都可以开启的十分钟二十分钟，抓住一切零碎时间，让身体动起来，气血流通起来。

祛魅，从现在开始热爱生活

读书时期，家长敦促我要努力上进，要考班级第一名，要去好的高中、重点大学，要考体制内的工作。我逐渐成熟后，不再踏入"等×××就好了"的陷阱，人生何处有岸，若心不上岸，即便考上重点大学、研究生，考入体制内工作……也永远无法抵达彼岸。

活着，总有需要扑腾扑腾挣扎的事。

三十岁，我继续提升自己的能力，不再参与无意义的竞争与内卷，做好工作本身，对无意义、细碎的小事，尽量不占用自己能量；我对"更好的人生""更好的工作"祛魅，我不再等达到好结果再去好好生活，从现在开始热爱生活。

小时候，父母对我们的教育是：你要成为最优秀的那一个。

成熟后，我给自己的养育是：不必去竞争、时刻紧绷，只需在自己真正在意的事情上尽兴，那就是很美好的。不一定要优秀，去成为一个完美的人。

重养自己的精气神和生命力

这两年，重新把自己养一遍的概念火热。研究生时，教授讲课：任何一个概念的流行，都与当时的政治、经济、文化及社会心理现状密切相关，缺一不可。

"重新把自己养一遍"表明大家潜意识里都有想要变好的意愿，其背后折射的现状是，这些年，在高速发展的现代社会，大家拼搏、努力、竞争，追求更好的人生、想跨越更高的阶层，拓宽眼界，把更多的注意力和精力投入到物质层面的获得及满足，忽略了自己的精神感受和身体感受。

我们现在想要弥补内在那个在否定中长大的小孩，过轻松、健康的生活。我们开始谈重新养育自己一遍，谈关照自己的感受和身体。

重新养育自己，不是一定要给自己画上精致的妆容，也并非人云亦云，为了展示所谓的松弛感，学别人短袖配大裤衩。重新养育自己是，你可以选择简洁穿搭，也可以打扮精致，你可以装扮成任何你喜欢的样子。

重新养育自己，不是保持单纯，也不是一定高情商、懂世故、复杂。你可以在人群中保持简单，也可以拥有自己的神秘感、疏离感。

重新养育自己，不是有一颗永远强大的内心，我们允许偶尔脆弱、难受、内耗。重新养育自己，我们养育一颗有韧性，且对自己无条件包容的心，允许自己哭泣，允许自己崩溃；允许自己修复创伤，允许重建自我，使自己的人生变好。

重新养育自己，养育的是自己的精气神和生命力。努力时，认真做事；休息时，睡个天昏地暗的觉；奔跑时，可以冲刺；赏花看风景时，好好虚度时光。

近日，看到很有共鸣的一段话：

"有一种内核稳，不是发生什么我都可以解决，而是发生任何，即便没能解决，我也能接受。真正的强大反而是一种'顺从'，顺现实，从规律，合于道。我不总那么强了，我可以弱。"

在重新养育自己这件事上，无标准答案。保持向上生长，也允许自己偶尔停下来休息；可以主动争取增值，也可以做好本职，无他求；可以热爱繁华热闹，也可以寄情山水，过恬静的生活。

别把爱自己当成负担，不要把这件自然发生的事想复杂；也不要被消费主义裹挟。用直接、简单、便捷的方式真正爱自己。

如，此刻停下来，看看窗外，对自己说："今天的我很满足，又让自己开心且充实地度过了一天。"

翻篇，过真正滋养我的生活

去试着建一个自己的情绪阀门，喜悲自控，去感知那些让你充满能量的事物，允许它们流经你的身体，遇到那些会破坏你能量体系的存在，就把阀门关上，不让它进来。

感知充满能量的事物，允许它们流经你

近年来，我很少再回复读者在关系中困惑的留言。一来，关系脉络本身错综复杂，不能一时简单理清；二来，越成长越觉得，所有困顿大概是"取舍"二字，破局关键

在于自己。静下来想想自己真正想要的是什么，愿意舍弃的又是什么，很多问题会迎刃而解。

我也并非一向如此豁朗。二十岁出头时，也曾在文章里声嘶力竭地痛斥某人伤害了我，长久地怨恨过某个人，在深夜辗转反侧纠结于某段关系。也曾如电视剧《不够善良的我们》女主那般，默默窥探年少时认识的某个女同学的社交平台，看她过得很好，会羡慕、嫉妒，也暗暗较劲，想要赶超她，偶尔也会心生怨气，那么"坏"的她竟然过得还不错，然而偶尔我也能从她的分享中汲取到能量。

二十八岁那年，我断掉了一段伴我十年的友情。我们是高中同学，有过很多共同的美好记忆，也共患难过。高中时期，她更有同学缘，长相更讨喜，情商也高。然而我们成了朋友，仔细回想起来，那一年，她给予我更多。

我们各自上的普通本科大学，大学时她是学校的"风云人物"，参加社团、学生会，她向来做得不错，大三那年成为学生会的副主席。大四那年，她顺利的保研本校，学校安排她先当两年大学辅导员，再读两年专硕。学校的工作她乐在其中。

而大学前两年的我，过得比较混沌，我如今也回想不起来，那两年我做了什么有记忆点的事。大三那年，我开始在社交媒体发表文字，出版了我的第一本书，成为大家口中的网络作者。但那几年我过得并不顺意，我那时候心气高，写作没起色，当时的工作机会不顺我心意，父母也看不惯整日抱着电脑写字的我。

二十五岁之前，相比她的顺遂，我的工作生活充满坎坷。那几年，我们联系得少，但每年会见一面，一起吃个饭。她会与我分享她工作生活中的快乐与新奇事，而我大多数时候是跟她倾吐写作的辛苦、工作的不确定性与焦虑。

再后来，我们的位置好像慢慢反过来了。

二十五岁那年，我考入理想学校的研究生，我的见闻变广，生活也变得越发丰盈。我研一那年，她研究生毕业，来到了武汉，去了一家民办学校上班，参加了很多次考试，年年考，但频频失败。

我有时在想，生活或许是公平的，每个人这一生要吃苦的数量是一定的，要么先苦后甜，要么先甜后苦。而我一直属于前者，过程每次都走得很艰难，但结果向好。

研究生期间，我遇到了我的先生，拥有我理想的亲密关系；同门博士师兄姐尽心尽力地帮助我；读研时我依然坚持写作，并在研究生期间出版两本书。

这期间，我仍会与她偶尔见面聊天分享生活，如往常一样。

是从什么时候开始改变的呢？

我研三那年，找工作提上日程，开始准备工作考试。每日坐在图书馆，写论文、工作备考。那年，忙碌到写作都被我搁置在一旁，我压力很大，精神崩得很紧。

她知道我准备考工作，已经工作两年多的她，这一年还是决定继续考下去。我们之间不存在任何竞争关系，原本是互相鼓励，但我们的关系却突然走进了一个死胡同。

那段时间，每隔几天上午，我就收到她给我发来的微信，微信消息每次都大概是"哎，我这周又没好好学习，又出去玩了""算了，我已经摆烂了，每年参加考试的人这么多，肯定考不上""哎，学习好难啊，还是玩比较适合我"。

那时的我备考紧张，情绪紧绷，每次收到她的这些消息，内心都是一场"小地震"，最烦时我差点删除她微信，把她的那些负面情绪统统隔绝在我之外。

当时，我每周都在进行心理咨询，我与我的心理咨询师讨论过这件事，对她发来的消息我很反感："我正在准备一场竞争激烈的考试，我已经决定拼一把，在我全力以赴向前冲时，我不想接收别人关于考试很难的负面情绪。觉得考试难、想放弃是她自己的事，我可以表示理解，但是总把这种负面的情绪传递给正在备考的我，于我而言，给我传递这种负面情绪的人就是要拖我一起下坠。我每日用尽全力给自己做'即便只有一个人考上，那个人或许是我'的心理建设，我备考已经身心疲惫，不想再有人来扰乱我的阵脚。"

我的心理咨询师给我提供了一种视角：我们没办法改变别人的某方面特质，但我们可以调控自己的情绪。**去试着建一个自己的情绪阀门，喜悲自控，去感知那些让你充满能量的事物，允许它们流经你的身体，遇到那些会破坏你能量体系的存在，就把阀门关上，不让它进来。不要去**

做一块海绵，什么都吸收。去做一个聪明的人类，吸收你愿意吸收的，拒绝你不喜欢的。

我认真思考这段话并去践行。想再给彼此的同学情谊一个向好的机会；以及，那段时间的我，没有足够的能量去承受一段贯穿我生命多年友谊的破裂。

必要时舍弃，不再浪费余生为之消耗

人之间的故事，远比我们想象中复杂。

再后来，我如愿考上理想的工作，她也像那年预言自己般"那么难，肯定考不上的"。

我研三那年，与先生领证结婚，她好几个女性朋友也陆续结婚，处于传统成长环境中的她，看着身边的朋友们纷纷走进了婚姻殿堂，而她依旧单身，她内心焦急，在那段时间注册了交友网，每周与不同男性见面，但始终没有遇到合适的。

我和先生刚领结婚证那会儿，我工作尚未完全确定，工作单位地址尚不明确。我们商量，待我工作完全定下来，在我工作地点附近买房，方便上下班。先生的家庭条件很好，我家也是小康家庭，有双方家庭的支持，我们从没担忧过我们买房这件事。

再后来，她的同事给她介绍了一个男朋友，三十多岁，大她几岁。自备考结束后，我们的联系慢慢减少，我也没问过她为什么会选择这个人，是喜欢多一点，还是因为身边朋友都有了对象，觉得这个人还可以就在一起了。

她刚谈恋爱俩月，彼时的我工作确定下来，她风风火火打来微信视频通话说她男友贷款买的房子在哪里，他男友也在一旁补充道："你毕业工作了还在租房，之前你不是说会在武汉买房吗？"我当时觉得很灰色幽默并带些愤懑。

我当时特想把我们家的存款和其他资产当面拍在他俩脸上。后来想想算了，我与先生的工作、学历、家境、素养很好，对他们没什么可说的。

女同学看到我对她男友的话保持沉默，更加急于想证明她找的对象更好，以至于后来聊天时她时不时向我炫耀他男朋友那套郊区房，学着他男友那副说话腔调。

我买房签完合同那天，把购房合同上我的签名那部分拍照，并把从我家拍到的江景照片一同微信发给她，并发送："终于有了房产证上写自己名字的房子，是自己的资产。"她回复到："江景房，肯定很贵吧。"那当然，内环最中心位置的房子。但我没有再回复她。

在那之后，这段感情在我的心里真正结束了。

"真正的离开，都是悄无声息的"。没有争吵，没有辩解，也没有互删微信，我默默疏远了她。

这十年的友情终结，在某个夜深人静的夜晚，我与朋友说："那些年，我们那么好，怎么变成了现在这样呢。"我也总忆起在我最迷茫的那几年，她陪我共同度过。后来我的工作生活慢慢变好，而她在这几年参加过几十场考试，频频失败，长期在失败的阴影下，她变得消极，在跟我相处时心理失衡，难免说些难听的话，为何我不能试着大度些呢。"

后来，朋友对我说了一番话：

"十几岁与人认识，很单纯，也很美好。那些年，你们也确实很合拍。但是十八岁之后，进入成年人社会——大学，二十二之后，进入真实的成人世界，你们甚至都没有像高中时期那样再在一起生活过一段时间，仅凭着隔几个月吃一顿一两个小时的饭换来的了解，你觉得这些年，你真的了解她吗？这么些年，你们的成长轨迹不一样，人生际遇不同，人生选择也不同，在你尚未发觉的时候，你们的人生观、价值观、世界观早已发生改变。再不停想这件事，只会陷入内耗，只会让你怀疑自己的交友原则出了问题，变成一个犹豫摇摆的人。"

我逐渐意识到，人是会变的，可能更好，可能会糟，可能与我更合拍，可能不再投机。我应该接纳关系中的这种变化，就像接受生活中充满各种意想不到的变数那样。

试着不在意，必要时舍弃。

舍弃，是每个成年人必修的功课。有时需要舍弃的是认识很多年的朋友；有时舍弃的是一段不再合拍的亲密关系；有时需要舍弃的是一份看起来光鲜但不适合自己的工作；有时需要舍弃的是无意义的心软、一场不合时宜的心动；抑或是舍弃某个求而不得而让你内耗许久的目标。

就像水果长霉一样，你此刻看着就一个果子长霉了，无关紧要，但若不果断扔掉那个已经发霉的水果，不出几天，整箱水果都会霉掉。

要么舍弃，要么浪费余生与之一起消耗。

翻篇，过真正滋养我的生活

当我在电脑前敲下这一行行文字时，仍会闪现批判自己的念头"为何把如此不堪的女性友谊写下来""这说到底就是女孩子内心的那点嫉妒与攀比罢了"……

我就是这般自我拉扯，一边告诉自己要舍弃，一边又忍不住自责。传统家庭环境长大的我，从小被灌输要温柔善良，低调内敛，没人告诉过我必要时要舍弃、关照自己的感受。

于大多数如我般传统家庭长大的普通女孩儿，想要干脆翻篇，该多么难呀。我曾在深夜里无数次辗转反侧，在反复地放与收中思忖，才慢慢学会在握紧与放开中选择后者。放开的不只是这段关系，放过的更是那个从小到大从没有真正尊重自己感受的自己。

大病初愈，躺在床上，我决定从今天开始好好爱护自己的身体，拿起手边那本中医书，看到书中李辛老师的那段话，我被点醒，对这段关系的结束真正释怀。

"很多人的病，其源头是某种很大的烦恼，很大的怨恨，或者很多他们无法解决的困惑。很多时候，病是因为他们不愿意去面对、澄清、解决。仅仅是这么一个原因，就会让我们慢慢生病。"

我回想起这场病前两三年的很多人与事，无论是被导师批评得一无是处，而后无数次怀疑自己、否定自己，甚至担心不能顺利毕业，如履薄冰地读完三年研究生的那个"卑微"的自己；还是在和先生恋爱期间，先生的家人觉得我家和他家悬殊，劝我先生再认真考虑。因为这样的打量，自尊心很强的我憋着一口气，下决心要考上一份不错的工作，要一本书接一本书地写后出版；抑或是在我备考压力很大时，朋友接二连三的负面情绪传播，不停地比较，那时的我非常痛苦，后面很长一段时间我都较着劲儿一定要比她过得好。

我埋怨过、痛恨过、厌恶过，但我当初的那部分"怨"与"我执"也深深地伤害到了自己。那两年去看中医，我的身体肝郁化火、下焦不通、脾胃虚。现在想想，那两年我的身体频频出问题，与坏情绪有很大关系。

当我们的"神、气、形"在压抑状态下持续很久，慢慢会进入到一个耗散和混乱的状态。一个内在心灵状态不佳的人，吸收不到需要吸收的正能量，进而影响到有效学习、自我更新精力，积郁久了，慢慢就病了。

在中医书中看到：

"要关注三件事，第一，吃什么东西舒服，什么东西不舒服；第二，跟谁在一起舒服，跟谁在一起不舒服；第三，想什么、说什么、做什么会比较安心，或者反之，睡不着觉、纠结和难过。一旦对自己身心的运作规律越来越明晰，就知道怎么来调了。生活中时时刻刻留意观察自己，就可以时时刻刻调整自己，这是真正的养生。

我们要在生活中去留意自己状态的起伏度，若我们发现一件事看起来很好，能挣一万或一百万，但我们发觉，一想这件事，靠近这个人，我们的内心就很震荡。当你意识到这些，哪怕这件事能挣一千万也要离开，才是上策。"

那日看到知名的中医李辛老师是如此要求自己待人接物时，突然豁朗。年少时，擅长自省，若是遇到生气的事，只会反思，是否是自己心胸不够宽广、气量不够大。如今站在三十岁的门槛，突然想通，我放过自己了，我决定爱人先爱己，充分尊重自己的感受，带着身体不长结节不增生的目标，好好生活。远离消耗我的人，在我内心的这块儿领域我做主。

心力如此珍贵，得用在值得的地方。人人爱玫瑰，但我决定种植我真正喜欢的植物，柠檬、蓝莓、树莓、蔓越莓……种所有我发自内心喜欢的，过真正滋养我的生活。

这一次，我不去原谅任何人，也不再怨恨任何人，我选择放过自己，我不再去承受他人的因果，我打算去迎接我的福报。我不再向谁证明自己，我只管热爱我的生活，踏实工作，保持身心健康、愉悦。

我不再关注女生之间暗戳戳的虚荣比较游戏，我翻篇开启我的人生主角新篇章，我要去链接更多有力量感的女性，我要去感受女性帮助女性的那股韧劲儿，我要去见更大更好的世界。

每隔七年，人的细胞就会全部换一次。我已经做好准备去迎接我的下一个七年。下一个七年，我的生活目标：翻篇，关照好自己的情绪与身体，使内心真实感受到生活的快乐。

坚定地站在自己这边

现在，我充满松弛感，不再取悦任何人。再回看二十八岁时的那个我，突然心疼。那时的我自卑，总在迎合别人的眼光，满足他人的期待。如今的我，坚定地站在自己这边。

松弛地生活

中午，研究生同学发微信给我："想裸辞。经常凌晨收到工作群里艾特自己的消息，周六日随时可能加班，已经连续两周末没休息。更严重的是，因长时间高强度工作，现在只要休息和闲暇时间，都会无比自责，觉着自己在浪费时间。"然后，她问我们单位的工作情况，准备换一份工作。

我回复她："工作是一座巨大的围城，处处是围城。"

她说："至少你们单位周末可以正常休息"。

我说："如果你想好了，可以辞职。但是，你现在最重要的不是换一份工作，而是调整心态。"

无论在哪儿工作，都会有艰辛的时刻。可能面临情绪不稳定的上级、棘手的问题、细碎的工作、随时出现的压力以及日复一日的平淡，对于任何人来说，都是一样的辛苦。

也总有人来询问我情感问题，跟我倾吐另一半，在她们心中，时不时会冒出个声音："如果我不跟这个人在一起，面对的不是这段感情，处境会不会不一样？"

我给的回答是："心态若不调整好，解决不了问题根源。你不因这个人、这段感情难过，也会因另一个人、另一段感情伤心。这是你面临的课题。"

无论感情也好，工作也罢，若是感到不快乐，最终的解决办法都是：调整心态，松弛地生活。

爱惜身体

从事金融工作的女性朋友跟我说，昨晚出去与客户吃饭喝酒到凌晨两点。我问她喝了吗，白酒、啤酒还是红酒。她回都喝了。

我发给她养胃食谱对她说："今天下班后参照这份食谱买食材，熬成汤，养胃。"并叮嘱她，要热爱工作，但更要爱护好自己的身体。

她紧接着说，是她领导安排的应酬，自己也没办法。并问我："若你领导让你加班，你会怎么办？"

我回她："偶尔加班可以，但若影响到我休息和生活，那我得拒绝。"

我现在很爱惜我的身体，饿的时候吃饭，每晚睡眠八小时，午休半小时，晚饭后散步，晚上十点做入睡前准备。有时候晚上领导给我发消息，我要么睡了，要么没看工作手机，第二天再回复。

刚上班时，我便设置好自己的生活边界：下班后不随时回复工作消息，我每天睡得早，再晚的消息当天看不到；以及我身体尚在调理期，定期去做理疗，消耗身体的工作我目前做不了。但本职以内的工作，我会按质按量完成。

三十岁，做过手术住过几次医院，我深知若没有照顾好自己的身体，病痛就会找上身。严肃地讲，二十岁熬夜，到三十岁就是早衰；二十岁吃垃圾食品，喝碳酸饮料，到三十岁就是各种身体炎症；二十岁没日没夜的工作，焦虑与压力充斥，到三十岁就是增生、息肉、结节。我们的身体很诚实，好好吃饭，好好睡觉，它就会健康结实。

那日，工作压力很大的朋友问我："在高强度的工作状态下，如何爱护自己的身体？"

我回复道："方法其实很简单，好好吃饭，好好睡觉，不强迫自己，开心时放声大笑，能量低的时候去做些让自己身体放松的事。不给自己身体很大的压力，不再去迎合满足某个领导、前辈的工作期望；偶尔错过某个工作消息也没关系，稍后再去处理就好。我们的身体是会累、会困、会难过的，是需要好好休息的。"

我们要像照顾内在的小孩儿一样，照顾好自己的身体。

我选择轻装上路

近来与朋友聊天，提到"情绪"话题。三十岁的我们渐渐发现，人们生病都跟情绪有些关系。

二十岁出头时，我时刻被焦虑情绪裹挟，担心毕业找工作难；担心在这座城市的生存压力；担心写作瓶颈，更担心发表的文字读者不喜欢……

但若一路带着焦虑，会一直生活在担忧恐惧中；而带着美好前行，纵使偶有焦灼的瞬间，但更多时候能感受到美好。

此后我选择轻装上路，开心自若。

每日的工作，即便忙碌，甚至棘手，到了要放松的时间，我立即关闭文件，合上电脑，拉开抽屉拿出我的药草小锤子，敲八虚、胆经，拍拍臀，活气血；清洗水杯，倒一杯自己煮的热果茶，喝果茶时看几个幽默视频，放松一笑。

工作遇到阻碍时，不再强行自己淡定、情绪稳定，适当允许自己为情绪找到出口，不再独自生闷气，暗自神伤。不再因他人而随意生气，一是不值得；二是深知负面情绪给自己身体带来结节、息肉、肝火郁结等一系列身体疾病，慢慢精神上不受力。

今年，我给自己制定了一个计划：余生，要像前二十多年精进学业般，调节自己的情绪，通往幸福生活的彼岸。

坚定地站在自己这边

朋友与我聊天说："兴许是高强度工作久了，现在只要停下来，好好休息片刻，就会有罪恶感。"二十八岁之前的我也这样。

二十八岁之前，我忙着写毕业论文、考工作，努力迎合世俗的期待——一张漂亮的毕业证书，一份稳定的工作。还要尽全力得到导师的认可，每日就像一颗陀螺，转个不停，很累，很疲惫，但没办法停下来，偶尔撑不住了，休息片刻，觉得罪恶满满。后来，我又通过喝酒让自己松懈下来，靠着酒精带来的微醺，看一部电影，消磨一晚上的时光，做一些美好而无用的事。

现在，我充满松弛感，不再取悦任何人。再回看二十八岁时的那个我，突然心疼。那时的我自卑，总在迎合别人的目光，满足他人的期待。

如今的我，坚定地站在自己这边。

如果觉得累了，那便停下来休息，屏蔽外界的声音，坚信"养精蓄锐是重要的事"；如果内心不愿意去做某件事，那便不做；有人否定我的观点，我不再自我怀疑、不自证、不解释，所见即是我。

我坚定地看见自己，理解自己，支持自己，成为真正的自己。

心理学家阿尔伯特·埃利斯提出过一个"情绪 abc 理论"，a 是客观事件本身，b 是你的认知和解释，c 是由此引发的情绪和结果。通常，人们认为 c（情绪和结果）是由 a（客观事件本身）引发的，但是实际上真正引发 c（情绪和结果）的往往是 b（你的认知和解释）。

宗萨钦哲仁波切说过："你接纳什么，什么就消失，你反对什么，什么就存在。如果你不明白你的敌人是你自己，你会把所有的时间、精力用在改变别人上，最后一无所得。"

快乐与否，最终的决定因素是我们自己。我们如何看待自己与世界的关系，如何认知和解释世界及行为，如何看待自己，才是人生的答案。

允许情绪流经自己，
不再精神内耗

"建一个自己的情绪阀门，喜悲自控，去感知那些让你充满能量的事物，允许它们流经你的身体，遇到那些会破坏你能量体系的存在，就把阀门关上，不让它进来。"

——翻篇，过真正滋养我的生活

课题分离，将自己与他人的情绪隔离

　　允许他人情绪的存在，尽管这部分情绪是负面的，允许他们做独立的个体。无论你的父母、伴侣、朋友是否快乐，我们要注重保护好自己的情绪和能量。

我完全而绝对地主持着自己

　　我发在社交平台上的照片，一朋友看到后来找我聊天："我一朋友跟你上班单位相似，她每日忙得焦头烂额，要么吐槽工作，要么吐槽领导，你是如何做到工作日还时不时咖啡厅打个卡，一杯奶咖，一份甜点，一台电脑，一坐一上午，优哉，乐哉。你是不是已经辞职没上班了。"

我笑笑答："我只是擅长忙里偷闲。"

领导体贴我们，单位每个月有两个半天的机动假。在这两个半天的假里，有人选择补觉休息，有人社交见朋友，有人带娃陪娃，而我将全部时间花在自己身上。挑一家喜欢的咖啡厅，点一杯饮品，选一个舒适的座位，打开电脑写作，看会纸质书，抑或是随意浏览一些网页，发会儿呆，陷入自己的思考。

在那一刻，我完全而绝对地主持着自己。收回气息，收回思绪，将注意力全部放在自己身上，只做自己喜欢的事，说自己想说的话，以及只发自己愿意发的呆。

自己是有足够选择权的。

我的选择是，不做工作中的怨妇，快乐地生活。

把自己的选择变成最优选

学妹站在毕业的十字路口，面临择业二选一的艰难时刻，她不知如何选。

她来问我："学姐，我感觉你很满意现在的工作、生活，你是一个擅长做选择的人，我很想听听你的建议，此刻的我，该如何选？"

我回她："没有特别完美的选择，你的两个选项各有利弊，没有孰好孰坏之分。你遵从内心，选择你最想选的就好。"

她继续问："学姐，但是你每次在人生关键时刻恰好都能做出正确的选择，这有什么秘诀吗？"

我回她："我做任何选择、工作，跟任何人在一起，我最后都很舒展。"

尽管人们总爱说"选择比努力重要"。实际上，做选择的那个人才最重要。

小马过河，即便过的是同一条河，但小马的命运和结局是不一样的。有的小马全程恐惧走得战战兢兢，而有的小马只当这次过河是场体验，走得悠哉游哉……

学妹继续问我："那做选择的人应该如何做，才能确定自己做的是对的选择。"

打心底，允许、相信自己会幸福。经过自己深思熟虑后的选择，坚定地告诉自己"我的选择是正确的"，在你的选择下，按照你想要的幸福模样去工作、生活。

把自己的选择变成最优的选择，这就是幸福的秘诀。

在当下，我们跟内在的自己的关系，并未像我们想的那般融洽。我们对自己比想象中的要苛刻，对内在的那个自己，时常苛责，经常怀疑，偶尔否定，不定时打压。我们本该是这个世界上最希望内在自己快乐的那个人，但现实中总相反。

我们并未允许内在的自己幸福，并非完全相信自己是可以幸福的。胆怯、犹豫，怀疑自己，不断否定，做选择时犹豫不决，做事时不果敢干脆。

课题分离，将自己与他人的情绪隔离

收到过一个读者的留言："你只是在生活、工作中比较顺遂，还没感受到人际关系的复杂及困扰，所以才轻松地说'我拒绝这些不开心，我允许自己幸福'。若扰你心者，是你的亲近朋友、父母、伴侣、领导，你还能如此吗？"

我回复："你这属于和内在'小孩'关系不融洽的典型，你没有允许的力量、相信的能量，它们无法给你正面回应。"

在日常生活中，我有遇到复杂扰心的关系。

我有一个平时不联系的大学同学，无论我是否发社交动态，她每日都要去看我的社交平台，更甚至找到我的私密社交账号，每天进去浏览。以前每次看到她的访客记录，我只觉可笑，当这世上多了一个关注我的人。

直到有一天早上起来，我心气不顺，再次看到她的访客记录，内心非常不愉快，直接把她账号拉黑屏蔽。

共同好友得知后问我："为何做得如此决绝，她若是知道了，肯定生气。"

我回复好友："她若是微信发我消息，我依然回复。我不喜欢她频繁看我社交账号的动态，我的社交动态想给谁看，不想让谁看，是我的自由。"

她频繁窥探我生活的行为，我感到不舒服，我的情绪阀门不再对她打开，我的生活不再对她开放，我选择将她拒之门外。

生活中在面对其他的关系，对方传递的情绪，我不愿接收，便直接拒绝。

我父母是很传统且容易焦虑的人，曾有很长一段时间，我每次与他们通完电话，都要焦虑一阵儿。他们一直催促我：要快点结婚，年龄越大越难；要快点生小孩，不然越来越难要；要快点找谁谁帮忙，把这件事解决了，不然有变数。

父母总是以"为我好"的名义，催促我做某件事。一旦我不想做或表露出不积极，他们又会列举各种糟糕的结果反复在我耳边强调我必须做这些事。尽管大多数时候，我坚定自己的想法，但是在这种催促与不停散布焦虑的家庭环境中，我也时常感到焦虑。

起初我还努力扭转他们的想法，让他们相信我已成年，我有能力过好我的人生。但是后来，我发现，根本没办法改变他们固有的想法。

咨询过心理咨询师，父母一辈子都是那样过来的，他们那个年代要防患未然，那份焦虑和不安感，或许才是让他们踏实的力量。这是他们的人生底色，是他们选择的适合他们人生的舒适的活法。

后来我尝试做"课题分离"，将他人的情绪与自己的情绪隔离。

父母给我传递他们意念中的焦虑，若我不接纳，我直接对他们说："你们别再说这些了，你们说的这些话，给我心里添堵，增加焦虑，如果你们真的希望我过得快乐，就不要再给我制造焦虑了。"

我将自己视为独立的个体，我有自己的人生课题，不再允许他们的情绪进来，父母、伴侣都是独立的，他们有他们每个人的课题。我相信，无论伴侣、父母、还是其他朋友，他们都有能力去安放自己的情绪。

允许他人情绪的存在，尽管这部分情绪是负面的，允许他们做独立的个体。无论你的父母、伴侣、朋友是否快乐，我们要注重保护好自己的情绪和能量，作为拥有独立情绪的个体，要允许自己快乐，且这份快乐不夹杂任何愧疚与自责。

不焦虑心法：允许情绪流经自己

　　将麻烦划分出一个界限，不让它们干扰我原有的生活。这是积极的不焦虑心法，去解决让你烦心的事，若事与愿违，与之划分界限。

不焦虑的平稳人生

　　友人给我发消息说她最近借调到上级单位上班，不仅忙碌翻倍，新单位距离她家还非常远，跨越大半个武汉市去单位，每日得六点起床，身心俱疲，焦躁不安。

　　她说："我努力多年，终于在这座城市买了房，有一份稳定的工作。原本生活就此安定，不曾想，生活一个大翻身，把我平静的生活突然打破，现实中存在不焦虑的平稳人生吗？"

我回答她："我今年三十岁，我认为没有完全不焦虑的人生。"

朋友说："难道是因我们资历尚浅？需要去到更高的平台丰富阅历，以及存款更多些，就可以从容地面对生活突如其来的变动。"

烦恼总是有的。

负面情绪是身体的正常情绪反应

友人的困惑，几年前我曾有过。那时的我尚未考研，把生活的不顺归结为"我缺少那张名校的毕业证"。

直到后来，我考上双一流学校研究生，走进心驰神往的研究生院，本以为从此生活美好，前程似锦。然而在面对无论如何努力也写不好的论文、导师的严肃要求时，我身心俱疲。我也曾怀疑自己的能力、抗压力，在学术这条路上才如此煎熬。

何时走出自我怀疑陷阱的呢？

我环顾四周，那些学位比我高、各方面优异的博士师兄师姐，同样焦虑，面临压力。同师门考上清华大学的博士后师姐，在博士论文答辩通过那晚，在朋友圈发了一张照片"书桌上放着电脑，旁边两箱啤酒"，并配文："写博士毕业论文的那些日子，是边哭边焦虑边喝酒度过的，哭完，第二天擦干眼泪继续伏案写论文"；我们眼中严格到严苛的导师，有着社会认可的头衔与级别，尽管年过五十五岁，依然每日不停歇地工作，偶尔也会在给同师门开会时称自己压力大，一边随身带着速效救心丸，一边每日行程排满，经常很晚还在师门群里与我们分享学术相关讯息……

这些年，看过很多关于"焦虑"话题的文字，有的说焦虑是因为还不够优秀；有的文章提到焦虑是因为自己的内心还不够强大，不自洽，内核不够稳。

前几日，看到国外期刊上关于焦虑的一段话，"从很多方面来说，当下流行的诸多焦虑、不安全感和抑郁的主要原因之一就是身体的困惑。过上一段时间，你不需要任何理由就会发泄情绪。人们无来由地宣泄，是因为身体本身是困惑的"。

长久以来，人们习惯把焦虑归结为个人"主观原因"，从个人能力、行动力找出口，却忽略了一个重要的因素"我们的身体本身"。

与四季更迭一样，我们的身体本身有高低起伏的变化。我们依靠这躯体行走于人世间，要了解自己身体的脾性与焦虑，与之共存。

每个人都会有焦灼的时候，是身体正常的情绪反应。我们要做的第一步是正视。

积极的不焦虑心法

这些年，我尝试将麻烦划分出一个界限，不让它们干扰我原有的生活。

这是积极的不焦虑心法，去解决让你烦心的事，若事与愿违，与之划分界限。

因工作汇报而提前焦虑，就多查阅些资料，把汇报内容做充分，甚至可以一个人时陈述几遍；担心某场考试，那便使出卧薪尝胆的劲儿，把资料一遍遍看，考题一遍遍做，把自己能做的做到极致；觉得自己胖，就下定决心减肥，坚持少吃多动，健康生活；觉得压力很大，很累时便休息，允许自己停下来，别急着赶路，休息很重要；某个人让你感觉厌烦，甚至职场或生活的某种环境氛围使你不舒服，那便不听，不看，允许自己活在自己舒服的频率里。

二十岁出头，刚刚成年的我们，急着丢掉身上的青涩，生怕自己露怯去学成年人的体面规则，学着咬碎牙往肚里吞，学着不喊疼，穿磨脚的高跟鞋只为走路看起来优雅……做很多我们所以为的成年人世界里的得体的事。

三十岁这年，到了二十岁眼中最羡慕的轻熟年纪，却烦腻成年人所谓的得体。

我开始孩童般的生活之法。

远离消耗我的那件事和人；累了困了，倒头睡一觉；疼时大哭喊疼，甚至用力地与那个伤害我的人吵一架。去

他的体面，去他的得体，去他的焦虑，我首先关照自己的
感受，及时表达，及时行动及远离，保护好自己的能量，
守护自己的快乐，这便是当代青年们的情绪出口之法。

允许情绪流经自己

做心理咨询时，我学到记录情绪和构建自己的情绪
阀门。

当负面情绪来临，拿出一张纸，写下自己当时的情
绪。真实去感受自己此刻的这股情绪，悲伤、难过、焦
虑，抑或是担忧。允许情绪流经自己，坦诚地面对自己，
待到低落的情绪消散。

两年前，我曾因身边的负能量场难受，我跟心理咨询
师说："我每次跟他们说完话，都会心里难受很久，原本
平和的内心会被他们搅烂，我清楚他们在传递负面情绪给
我，但我又不想当场翻脸。"

我的咨询师和我说了一段话："我们每个人都是有一

个情绪阀门的，遇到不喜欢的情绪，把阀门一关，不让那些情绪进到我们的身体里，这是我们身体的保护措施。你要找到你的阀门，或者构建你的情绪阀门，把那些不喜欢的情绪隔在外面。允许它们存在，允许我们是我们。"

那时的我深陷负面情绪之中，思维受阻，以为解决问题的方式只一种，非黑即白。经这次心理咨询明白，通往答案的路有很多条，无法真的快意恩仇，我开始不爱也不恨，不让它来影响我的生活。

重视自己，呵护自己的情绪与身体健康

《秘密》一书中有一个案例：

"人们总是惊讶，我总能在停车场找到合适的位置，在我想要停车的地方，我会在脑中想象一个停车位，有95% 的概率，那儿真的会有一个空位，我就直接把车子开进去，其他 5% 的时候，我只需要等待一两分钟，就有人把车子开走，让我开进去。"

很多时候，焦虑的底层逻辑是担心，我们担心没把事做好；担心突如其来的变故；担心自己不足够应对变数。但其实，我们比自己想象中强大，我们比想象中有办法，事情总会解决。

不想内耗焦虑，除阻断负面情绪，我们也要习惯积蓄积极的能量，给予自己积极的心理暗示。

我们的内心是一块儿田，悉心播种，会收获美好。若杂念滋生，任由杂草丛生，不仅荒芜贫瘠无所获，还会在无所获时产生负面情绪。

想要照顾好心田，就要当生活里勤劳的种植者，播种美好的种子，勤翻土，及时除草浇水，注意施肥。

把关注力放到自己身上，重视自己，发自内心地热爱自己，呵护自己的情绪与身体健康。

对自己诚实，减少身体的累、丧、卷

保留自我意识，构建自己的话语体系，审时度势，做出有主见的选择。当身体与内心的目标一致，不需想尽办法去激励、犒劳自己，想要的生活自会向你流动。

沉默地捱，幸福地晒

朋友近来焦虑到失眠，找我聊天，倾吐自己无法排解的烦扰。她问我："看你生活蒸蒸日上，凡事想得开，你有过如我这般焦虑到无法入眠的时候吗？"

我回复她："女到中年，哪有什么花路。像我们这样的中女，谁又不是沉默地捱，幸福地晒。"

朋友说，那好在能捱下来，更甚至在旁人眼中捱得漂亮，捱得不漏痕迹。

于"三十＋"的我们而言，烦恼无非是，工作中的心累、关系上的消耗、生活中的丧。

但并非无解法。生活就像硬币的两面，答案有时就藏在问题的一面。找出问题，单独列出来，一一击破，即是答案。

上班可以规律生活节奏

工作中的棘手情况，常常发生。最忙时，我每日在办公室工位时间不足俩小时，有时好不容易喘口气，还可能会遇到有异议的事情，要在会议室与领导一块儿解决。同事说，跟人打交道的工作，是极其消耗心力的。

然而事儿得做，班要继续上。若每日真这般愁眉苦脸，容易陷入焦虑内耗中。

上班第一天，我便买了个养生壶，每天到办公室，第一件事洗壶、煮茶，今天养脾胃煮苹果水，明天祛火煮梨子水，后天喝玫瑰花茶。

不管工作多忙，先养好自己的胃。偶尔午休不想睡，带上放在办公室的运动鞋，到单位新建的健身房跳一场饭后操、跑步机上爬坡、跳绳、摊开瑜伽垫做简单拉伸，抑或是打一段八段锦或太极，让身心得以放松。

我不再把单位当作我"当牛做马"的地方，换个角度，将这里视为能让我规律生活的场所，处理完烦琐工作，喝茶养养胃，早午餐在单位食堂健康饮食，饭后运动半个多小时，单位是可以让我减脂、养脾胃的地方。

这是我的上班哲学。如果某个地方很难带来快乐，那就尝试给自己创造快乐。

构建自己理想的人际关系

上班第一天，我注册了一个微信工作号，同事及工作相关的人都加这个微信。上班后，我随时带两部手机，一个用于私人联系，一个用于工作沟通。

上班时，积极回复工作上的消息，下班后，工作手机放包里，不再看。单位里年长同事多，大家也都有各自的下班后生活。同事间互相尊重，亲疏随缘。

保持友善，保持态度真诚，有边界。如此"我行我素"后，工作中几乎没有让我感到内耗的关系。

生活中的人际交往原则，我的态度是精神上不受力，不论你是朋友、亲戚，抑或是家人，扰我心者，我远离。几年前，遇到我不喜欢的人，还会极限拉扯，还想要在关系中掌握主动权。

现在不再与价值观不一样的人争论对错，也不再去扮演一段关系里的"好人与受害者"角色，让所有人都觉得是对方错了，这样的游戏我不再玩。如今，所有关系的疏远都是默默地，我不想再与你相处，我会默默离开，及早获得自由。

然而，人是群居动物，有很多需要呼朋唤友的时刻。比起朋友的数量，我更加在意相投的友情，我更愿意把时间花在互相吸引的人身上。

每月我至少会去见一个很想了解其近况的朋友，可能我们已经许久没联系，但没关系，在我知心的朋友面前，我愿意成为主动的一方。我真诚地给对方发出邀请，表达我想与其一起吃饭、喝下午茶、见面聊天的想法。更甚至，我会直接说出我近期的烦恼，诚挚地说："我感觉在你身上，能找到那个答案。"

很巧合的是，我也是她们经常想见面，一起聊天的挚友。见面时，我们都彼此坦诚，互相交换与传递能量，我们一起充电。

这是很舒服的人际关系，是我主动、有选择性地为自己构建的理想关系。

做自己生活的主理人

我刚工作那会儿，每天下班回家后还有大把时间，但我却不想写作，不想见朋友，不想去离家超过一公里的地方。懒散、疲惫，不想乘坐公共交通。于是，我越来越闭塞，越来越觉得每天就是上班、下班，再等待第二天上班，无聊极了。

后来，我觉着不能再这样，决定做出一些改变。我一向喜欢探店特色咖啡厅，于是每日下班后，背上电脑包，穿梭城市探寻咖啡厅，在咖啡厅看书、写稿，待上三四个小时；再后来，每周无论如何疲累，都约上好友，一起吃晚饭、散步，分享彼此最近的所得所获；偶尔去舞蹈室跳舞，在那一个小时里，专注于自己的身体，注意每个动作的标准性……在努力走出去的日子里过得充实，我的内心慢慢变踏实。

如今的我也一直在给自己的生活期待，让自己快乐。四月初，我参与了一场得奖评选活动，按照我之前不喜麻烦的性格，既不愿为自己宣传，也不想拉人投票，还可能把这场评选当成负担。但是今年，在得知这场活动后，我内心有颗种子在发芽。我默默对自己说：我的生活好久没注入快乐的新鲜血液了，我要好好参与这场活动，若能有个好的评选结果，既是肯定，也是给当下的自己转个好运。

评选活动结束后，我又开始找新的期盼。我计划与先生一起旅行的事，挑选旅行的城市、搭配旅行的穿搭、计划旅行的路线、做当地美食的攻略。尽管接下来还要上十几天班，但一想到即将出去玩，日子也变得不那么难熬，内心充满期待。

那日等红灯时，看着路边行人，我与先生说，路上的成年人，一个个面无表情，嘴角向下，装满疲惫。而走在路上的孩子们，脸上的表情非常丰富，或开心地笑，或放声大哭，抑或平静。难道是生活的压力，真的带走了成人的笑脸吗？

先生说："孩子的情绪，无论喜怒哀乐，都被关注了。因为他们是孩子，需要玩耍、陪伴，大人会想方设法给孩子制造惊喜和发掘玩乐的地方。而成年人默认自己已经是大人，不再受到主要关注，再加之生活的压力、家庭的责任，面相苦涩是常态。"

我们大人其实是需要快乐的，只是在长大的过程中，不再有专门给我们创造快乐的人，期待也在变少，慢慢地，我们自己也忽略了要去快乐这件事。

　　而我们要尝试帮自己找到那个期盼。它或许是瘦十斤后，穿上漂亮裙子的期待；或许是某场你期盼很久的Citywalk（城市漫步）；或许是拿到心仪公司的 offer（录用信）；或许是买到某个你关注很久的包；抑或是去某个你很想去的城市旅行……在日复一日的琐碎生活中，容易迷失自我，而那部分期盼、想要，恰好是能拉住我们的那棵稻草。

　　我们不只是上班挣工资，生而为人，我们还有更重要的事去做。要去你想去的城市看一看，吃当地特色美食，见想见的人；去感受穿越绝境后看到阳光的那份快乐；去在与平凡细碎的生活交手过程中找到快乐生活的 tips（小贴士）。

　　一份快乐生活的秘诀：成为自己生活的主理人，自己的快乐，自己创造。

对自己诚实，想要的生活自会向你流动

　　我研究生学的传播学专业，跟导师一起做过几个研究

社会背景下某种现象、某个词、某种心理大范围传播背后逻辑的课题。任何一种社会现象能大范围传播，并不是某一人、一方的力量，是多方的共同影响。

就这几年的网络热词"内卷"来说，其能大范围流行与社会压力背景有关，与当下的经济形势有关，也与"丧文化"氛围有关，当然也有那些借"内卷""躺平"这些词的热度写推文的自媒体从业者的推波助澜。

打破这种话语构建的最直接方式是，我不去用你构建的话语体系，我不去接受你给我贴的标签，我自己要构建我自己的话语体系。就比如，我们不去用"卷"或是"躺"这种完全极端的方式去定义我们的生活，我们不接受这种"要么 A，要么 B"的选择题，在这道题上，我们就是要选 C。

至于 C 是什么，那由我们自己说了算。当我很重视某个项目，即便加班，也用一切办法努力做，这不是"卷"，这是"我很主动地争取想要"；当我不想参与某次竞争，那便把自己活成个透明人，这不是"佛系"，这是"面对不想要，我选择养好自己的精力"。每个成年人都有自己的选择权和喜好权，不需要一味地"卷"，也不是所有的放弃都叫"躺平"。

我们的 C 选项就是保留自我意识，清楚自己的想要，审时度势，而后做出有主见的选择。

所以面对大环境的"卷"，我们不必过分沉浸其中，更不必纠结到底要选 A 还是 B。我们已成年，生活的选择题不是考卷上非对即错的那个选项。生活的选项很多，只要给自己足够多的设想，不落入话语构建者的圈套，无论选哪个选项，我们都可以拥有广阔的天地。

我们总在说，不要给别人贴标签。在如今这个互联网时代，我们更加谨慎不要随便给自己贴标签。

心理学上有一个概念叫"一致性"。我们内在是什么样的，我们外在就是什么样的，这就叫作保持一致。**"一致性"程度高的人，他们的耗能是最小的，只要由内而外地自然流露就好。**内在的自己和外在的自己差得越远，那个人的耗能就越大，因为他要不断地去"装"成另外一个人。

想要轻松自在地活着，首先给自己的身体松绑，而后

给自己的内心松绑。听听身体的声音，感受一下内心的声音，去弄清楚究竟想要怎样的生活。

当身体与内心的目标一致，不需想尽办法去激励、犒劳自己，想要的生活自会向你流动。

说到底，答案的关键还是在自己身上。要对自己诚实。

孤独是对生活的敏锐感知

> 想去的远方，若有人陪伴前往，那便最好；一个
> 人时，要勇敢地带自己去看心驰神往的远方，做自己
> 人生的投资人，支持自己做喜欢的事。

孤独是对生活的敏锐感知

一日我在社群直播，一个读者问我："结婚后有另一半的陪伴，你还会感到孤独吗？"担心这样问冒犯到我，她还补充一句："如果你不方便回答，也没关系。"

我并未感觉被冒犯，甚至被她的礼貌有所触动。

我坦白讲，偶尔依然会感到孤独。孤独是每个人面临的终身课题。

读研究生时，我们几个同学聚在一起闲聊，爱把学术中的"虚无主义"挂在嘴边："人生虚无，精神虚无，身体虚无。"那时的我们不知前途在何方，毕业压力，就业压力，我们时常感到孤独。但内心充满对未来的向往，希冀等顺利毕业，就不会焦虑了；等工作、买房、恋爱，生活就会充实起来。

毕业后心愿一桩桩实现。夜深人静，躺在床上，身旁的爱人已入睡，自己却辗转反侧，紧张明日的工作汇报，担心明早上班出现其他的状况；焦虑没运动，身材的走样。当我侧过身看着身旁熟睡的爱人，他睡得那般安稳，我轻轻环抱熟睡的他，感到温暖；但脑中仍时常出现一个念头："今晚的夜如此漫长，我感到孤独。"

孤独是一种感受，是我们对生活的敏锐感知。

该如何面对生活中时常出现的孤独与虚无？

做自己人生的投资人

我刚研究生毕业还未入职工作的那段时间，先生每天去上班，我则整日在家看书、写字、午睡、刷剧、运动，看似规律，但半个月来每天如此，略感乏味。

那段时间有部我很感兴趣的电影正在热映中，我与先生约好晚上一起去看。但是那天他工作很忙，回家匆忙吃完晚饭，又被领导打电话回公司加班了，他跟我许诺明晚一定陪我去看电影。我是理解他的，但我仍然感到难过，一股前所未有的孤独感喷涌出来。

我没有放任自己沉浸在这种情绪中，我立即打开手机 APP，选定当晚最近时间的电影场次，换上一身漂亮衣服，打车去到电影院，还点了份豪华单人套餐，我一手抱着大桶爆米花，一手拿着大杯可乐，令影院旁的小朋友们羡慕不已。

走进播放厅，沉浸式体验两小时的观影时光。那两个小时，我发自内心地愉悦，未有丝毫孤独。取悦自己、成全自己，是一件值得做的事。

观影结束，先生来接我回家，在路上我突然有感而发：两个人在一起，与之相伴是快乐的，但不将自己的快乐全部寄托给另一半，不把触发自己快乐的遥控器交给他人，做自己快乐的第一责任人。

好的婚姻是什么？

两个人融为一体，同时彼此独立。你在时，我们开开心心地在一起；你忙碌，我好好周全自己，照顾好自己的情绪，做想做的事，开开心心过好当下每一刻。我和你在一起时，是快乐的；我一个人时，我做让自己快乐的事。

想去的远方，若有人陪伴前往，那便最好；一个人时，要勇敢地带自己去看心驰神往的远方，做自己人生的投资人，支持自己做喜欢的事。

勇敢面对自己的人生课题

有的人一旦步入婚姻，习惯把自己的负面情绪归因于另一半，当在感情中感到悲伤、孤独时，责怪另一半缺少陪伴，不体贴，没有及时接住自己的情绪，将怨气一股脑儿抛给对方。

现在我已三十岁，经营着一段旁人眼中美好、幸福的婚姻生活。另一半是个很好的人，我们三观一致，学历相当，聊得来；我们工作稳定，没有经济负担，生活各方面都合得来。尽管如此，内心偶尔还是会出现一种声音："我感到无聊、孤独，现在的生活平淡如水。"

我擅于自我觉察，深知我这种情绪与另一半没关系，是我未来要直面的课题。每当这种情绪到来，我都耐心地对自己说："内心的孤独又躁动了起来，该体验有意思的事了，这次你想做什么呢？游泳、旅游，抑或出去吃一顿喜欢的美食？我行动起来。"

我选择合理的把这份情绪消解掉，不迁怒他人。消解时，如果有另一半的陪同，我非常高兴；若对方因特殊情况没能一起，虽有遗憾但也没关系，我行动起来就是在向前一步。

爱能治愈，但不能解决所有的问题，自己要勇敢、坚强地面对没解决的那部分人生课题。

有时候，夜深时，我突然想起很多事，默默流泪，另一半感受到我的难过，一把抱住我，问我怎么了，而后默默地给我擦干眼泪，拍拍我的头，安慰我："别怕，我在呢。"尽管很多时候并不能解决我内心深处的难受，但有他的陪伴，我心安之。

我的先生爱我，陪伴我，支持我，那部分与自我孤独的对话，与内心自己的对话，我独立完成。

允许生活的变数，信任自己

在那些不能与孤独和解的日子，该如何度过？

周末早上起床，吃早餐，泡一杯茶放在书桌，打开电脑，写上一行标题后久久没有再动笔，我心头焦急，即便自己调节，与爱人出去看场电影，吃上一顿精致的西餐，回到家再面对电脑上的那一行文字，依旧有表达不顺畅的孤独感与无助感，这时该怎么办？

我选择接受今天的自己表达欲不强烈，没有写作灵感。

它们如潮汐般，即便涨潮时波涛汹涌，也总会有退潮的时刻。此刻正处于涨潮期，不适合冲浪，那便回去，养精蓄锐，等到潮退时，再出门去海滩上捡贝壳。

去海边的赶海人，要观察天气，并顺势而为。在适合赶海时，早点出海，捡贝壳，躺在沙滩上晒太阳；在不适合赶海的时候，放过自己，不与天气对抗，要像允许潮水汹涌而来那般，也要允许那部分低落的情绪默默流淌，允许孤独的存在。

那日直播的最后，另一个读者问："长长老师，你已如此通畅，那你还害怕孤独吗？"

赶海人即便对大海再熟悉，但也不会说不害怕滚滚海浪，对大海是有敬畏感的。对生活我们要敬畏，接受它们符合我们的期待，符合我们所了解的样子；也允许它们偶尔波涛汹涌，不按规则出牌。

身为生活的赶海人，我们要在日复一日与生活的交手中，学会如何与自己相处，更勇敢、更坚定，去了解生活以及如何生活，做生活的资深水手。

偶尔也要允许生活的变数，正是有偶尔的变数，人生才充满际遇。

信任自己，也要相信生活的奇迹。

知行合一，不再精神内耗

外界的声音，世俗中的好坏，我都不再关注。从今往后，我真真切切地以自己为主体生活。

知行合一，不再精神内耗

女性朋友来与我吐槽她的闺密，发给我好几张她与闺密的聊天截图，并说，她受够了闺密，每日给她传递负能量。

我回复她："不愿听她那些传递负面情绪的话语，就直接屏蔽消息，不看，不回。"

她又说，那是她十年的朋友。

我直截了当地说："两条路，要么为难自己，舍你情绪陪你姐妹；要么屏蔽掉消息。"回复完，我结束与她的对话，打开手边的书，悠然自得地看书。

年纪稍小时，喜欢与人一起聊天调侃，不惜费上口舌，硬要将一个道理给身边人说清，生怕他们选错，走了弯路。那时也爱把"远离消耗你的人""拒绝内耗"挂在嘴边，但自己十之八九做不到。

如今，我知行合一，正亲身实践"不内耗"。面对令自己感觉不舒服的人，头也不回地远离；面对对方传递负能量，能及时地结束与之对话；面对不喜欢做的事，当面合理地拒绝。

"不内耗"不是一个目标或愿景，是方法论和行为指导，是你想做就能做到的一件事。

那日，见到许久未见的朋友，她说我现在清醒通透。她问我是如何做到的。

我回复她："知行合一，不再内耗。"

让风成风，云成云，于我晴天高兴，下雨天也欢喜。

我决定不在意

那日，二十岁出头的女孩儿来找我倾吐女孩儿间的友谊与嫉妒，她问我："女生之间的友谊都是我希望你好，但我不希望你比我好吗？你们三十岁的女性友情，会不会更融洽些？"

若是几年前的我，听到她这番吐槽，我定是略显薄情地直言："清醒点，人与人之间哪有什么真正的友谊，所谓朋友，只是恰好你俩此刻同乘一辆车，看似前往同一目的地，一段旅程中的同伴，待到岔路口，发现目的地不同时，是会分道而行的。"

三十岁后，我尝试温柔地看待世界。即便同行时两个人会有争执和矛盾时刻，哪怕最后分道扬镳，但这一路彼此曾给予过温暖，我们也不因一时的不舒服，而把对方整个人否定。友谊如是，人生同是。

我跟她说："三十岁的女性之间，也会有产生矛盾与分歧的时刻，但她们已经学会了带着这份关系里的矛盾和分歧与对方相处了。"

她继续问，要如何面对女性友谊中的嫉妒？

曾经我也有类似的烦恼，当有一天，我决定不在意了，而后发现打开了新世界。

当我不在意对方职位是否比我高，晋升是否比我快，不关注对方的婚姻生活是否更幸福，不关注对方的生活是否更好，不在意对方是否窥探我的社交平台……我突然发现，我放过了自己。

三十岁的女性，谁的人生又真的经得起细细打量呢，表面生活看起来再光鲜，结婚时的挣扎，生育的疼痛，婚姻平淡期的煎熬，育儿的艰难，世俗中的三十岁女性的迷茫与困苦，谁都逃不掉的。

比起二十来岁时女孩儿之间的嫉妒，三十多岁的女性，深知对方的不易，在相处中会多一份包容与鼓励。

以自己为主体

与朋友聊天说："领导安排了一项于我负重的工作，我当面拒绝了。"她问我不担心被领导针对吗？

　　会有顾虑。六月份我做手术住院请假，领导觉着会耽误工作不乐意批假。我拖着抱恙的身体，躺在病床上，还在忧心日后回去工作时领导会不会指责我。

　　是什么时候转变的呢？

　　当我躺在病床上，身体难受得夜里睡不着觉，眼泪一滴滴地往下掉，捱到天亮；当我躺在手术台上，看着来往的护士时刻做好准备给我手术，我一边等待着麻醉师的到来，一边担心手术会不会顺利；当我躺在理疗室，老中医给我扎针，每扎一针，我都要狠狠掐一次自己来缓解疼痛……在那些时候，我真真切切地感到健康的身体最重要。

　　领导会不会针对我不重要；工作能否拿到优秀也不重要。

　　外界的声音，世俗中的好坏，我都不再关注。从今往后，我真真切切地以自己为主体生活。

成长是一个个的过程

逛商场时，看到女孩们畅饮冰饮品，而我随身携带保温杯；家庭聚餐时，全家人举起酒杯，我拿起我的热水，一起碰杯。我突然感慨，二十岁时好强、爱吃冰、爱吃辣、爱点外卖的自己，一定没想到，三十岁的我会足够养生且拥有一颗平淡的心。

我真的做到了完全的平常心吗？

坦白说，尽管我很潇洒地写下这段话，即便我已经做到了以上，但是生活的课题在持续发生，还会时不时出现让我没办法保持平常心的事，偶尔还会有令我应接不暇的事。

出现这些状况，我在试着接纳，生活滚滚向前，挑战也是源源不断的。面对的课题，我仍要努力探索，常常自省复盘，一步步向前。

我的床头一直放着几本书，当我感觉心情不好，拿一本书翻上几十页，情绪慢慢平复；我喜欢做读书笔记，情绪波动时，拿起笔在纸质本上写下自己的感悟。这是自我疗愈的方法。

　　在别人眼中如此自洽的我，其实一直在和自己的情绪与欲念打交道，用自己的方式养育自己成为日渐成熟的大人。这是我的人生过程，也是每一个想要恬淡生活的女生的成长历程。

　　成长，就是这样一个接一个的过程。

　　我们要做的就是，在过程中成长，在经历中长大。即便偶尔跌倒，但整理好自己，总结经验，再应用到下一次的成长中去。与更好的自己相遇。

命运的齿轮转动，
融入我成为我

"我经由光阴，经由山水，经由乡村和城市，同样我也经由别人，经由一切他者以及由之引生的思绪和梦想而走成了我。那路途中的一切，有些与我擦肩而过从此天各一方，有些便永久驻进我的心魂，雕琢我，塑造我，锤炼我，融入我而成为我。"

——史铁生

人生真的有"上岸"的那刻吗

当此刻足够心安、内心富足时，我们会清楚，我们在哪里，"岸"就在哪里。

我顺利"上岸"

五年前我备考研究生时，看到已经考上研究生的朋友们，充满羡慕。我难以想象，步入名校读研究生的他们得有多快乐；漂亮的名校学历加持，可预见的美好未来，可以与优秀的同龄人为伍，得多幸福。

一年后，我顺利"上岸"。如我曾憧憬般，我交到志同道合的同学、朋友；我经常向曾只在期刊、报道中看到的教授请教学术问题；相处很好的在国内排名靠前的高校任教的同门博士师兄姐；旁人赞不绝口的名校学历。这样看，"上岸"后结识的人，甚至积累的资源，都可以成为我人生路上的助力剂。

但是，"上岸"后，真的就此走向人生巅峰，从此不会痛苦了吗？

几百页的古文文献，一沓沓的古籍资料，坐在图书馆，一页一页看，烦闷也得看，焦虑也得看，难过也得看，甚至崩溃也得耐着性子看，直到找到有价值的学术信息。"岸上"的生活，充满辛苦。

进入新的环境，看到身边人都如此优秀，焦虑感油然而生。会因同龄人的论文发了顶刊而备感压力，会自我怀疑，为何自己没有如此成绩，是不是太懈怠、太不能吃苦了；会在夜深人静的时候 emo（情绪低落），甚至失眠。担心师门组会汇报不好，被导师批评；担心毕业论文准备不充分影响毕业；担心自己能力有限，找不到好工作；时常因社会时钟焦虑，担心三年读书生涯，年龄变大，错过最佳结婚与最佳生育年龄。作为一名具有社会属性的人，"岸上"的生活，也充斥着所有社会人面临的烦恼与焦虑。"上岸"并不是避难所。

"上岸"的第三年，面临再次被扔进"海里"的风险。研三那年，又开始走上那座很拥挤的"独木桥"，备考工作。周围人说，公务员、编制、央企、国企，去到其中一个才是真正意义的成功"上岸"。

人生海海，永远在攀登

研三毕业那年，我考上心仪的工作，拥有不错的福利待遇，再次成功"上岸"。然而，再次"上岸"，解决了人生的工作大事，我是不是真的可以松弛了？

我用亲身经历验证"上岸"的那一刻发自内心地开心是真实的。

和那些"上岸"的朋友们聊天，大家也纷纷共鸣，已经很久没有在工作中发自内心地感到开心了，工作中要求多、压力大，工作过程中情绪消耗也大。网上概括初入职场的年轻人现状："干最多的活儿，受最多的气。"而且同事们也不太会共情，因为他们会觉得，大家年轻时都是这么过来的。你若说"不"，那便是你不肯吃苦，甚至被评价没有奉献精神。

有人不想在这种环境中工作，选择离开这个"岸"，重新投身大海，努力游向另一个未知的"岸"，他们期待"上更好的岸"；有人选择忍耐中继续工作，期待当我们四十岁，活成职场"老人"，到时会感受到"上岸"的快乐，他们在期待"年龄上岸"；有人拼命工作，在工作中积极表现，希望提高自己的级别，当上小领导，再当大领导，到时去体验在"岸上"做岛主的快乐，他们在期待"级别上岸"。

即便足够幸运，谋得一份满意工作，成功"上岸"，也还会有其他的"上岸"烦恼。你会期待买房"上岸"、婚姻"上岸"、生育"上岸"；孩子升学、求职、结婚"上岸"；父母身体健康"上岸"，自己四五十岁依然貌美"上岸"……

到头来，幡然醒悟，"岸"不仅是有时效的，"岸"也是分等级的，有的"岸"是一级"岸"，上去了还要上二级"岸"，然后上三级、四级、五级"岸"。**人生海海，永远在攀登，永远要不停"上岸"**。

我们的人生，若是心态不调整好，每时每分，要么永远在没"上岸"的求而不得与遗憾中，要么永远处在"上岸"后的煎熬与痛苦中。

我们在哪里，"岸"就在哪里

人生真的有"上岸"吗？

与生活交手三十载，发现生活是"争强好胜"的，你赢它一回，它必定要再赢回你一局。然而，生活有时也会心软，它偶尔也会让我们放松，让我们过得稍微舒坦些。

时而温暖，时而凛冽；偶尔复杂，偶尔简单；有时美好，有时也充满残酷；有时会让你充满希望，有时也会让你失望；偶尔会给你一种上了"岸"的错觉，但大多数时

候会让你清醒地意识到"人生哪有岸，努力才是岸"，而这些就是生活。

所以，在与生活交手过程中，无论你是在"岸上"还是"在上岸的过程中"，我们总会有烦恼，也总会有办法解决烦恼，然后再遇到新的烦恼。遇到困难——克服——再遇到困难——再克服，如此循环往复。

我们得去煎熬、去挣扎、去与生活搏斗，去心碎、去失望，而后在淬炼中明白"这世上并无一劳永逸的岸""这世上没有可以真正遮挡所有风雨的岸，真正的岸是自己，是那颗永远努力、永远相信美好、永远相信自己的心"。

在与生活交手的过程中，我们会找到价值，获得新生，找到与生活相处舒服的方式，也会找到让自己释怀、快乐的方法。

这世上本没有"岸"，所谓的"岸"只是我们内心的某部分执念。当我们过得越不好，我们越会执着于那个"岸"。我们寄希望于那个"岸"，能够让自己就此一劳永逸，解决当下一切问题。

　　当此刻足够心安、内心富足时，我们会清楚，我们在哪里，"岸"就在哪里。

永不失去发芽的心情，人生可期

当破土而出的意念足够强烈，拥有耐心，那些种子总会发芽。工作、生活稳定的"三十+"，人生奇遇时刻存在，我们终将抵达。

发自内心地接纳自己

一个年轻女读者与我说，她始终做不到在感情里不在乎一个人，一旦挂念某个人，情绪就容易被对方牵动，好似自己的喜怒哀乐都交给对方掌控了。她问我在亲密关系中是否会产生不安全感。

年龄尚小时我时常因感情患得患失，担心对方会不会喜欢上一个比我漂亮、身材更好的女孩儿，焦虑感情会不会出现变故，担心失去眼前这个人。但现在完全不会。

　　我继续回复道："我不是不在意另一半，是更了解自己。我懂得自己的力量来自哪里，清楚自己的优势及擅长。我接纳不控制饮食就长胖、一吃垃圾食品就长痘、遇到事会崩溃，也会大哭的自己；我喜欢不管遇到什么困难，都有足够的耐心把结果变成 happy ending（快乐结局）的那个自己。

　　这世上的女性很多，但如此美好、特别的我，仅只有一个。我发自内心地欣赏自己，相信这样的自己值得世间的美好，与爱人真挚相拥，活出精彩的人生。

　　其余充满变数的那部分就交给生活，无论生活给予我什么，我都相信一切都将变成我期待的样子。

艰难时刻勿完全沉浸在悲伤里

　　与许久没联系的老同学聊天，她问我："这些年来，在你遇到那些艰难时刻时是如何走出来的？我总感觉以往经历的痛并未影响你的积极与美好。"

我回复她："如今时过境迁，我经历低谷期时，无助过、哭过、悲痛欲绝过。只是在那些时刻我并未完全沉浸在悲伤里。"

难过之余，我心中仍有一个信念："再尝试一次，准备得更充分，一定会有意想不到的结果"。我的好胜心强，在意的事一定要努力达到自己满意，这一度使我很累、很痛苦。但正是我的这份好胜心，对赢、对更好的生活、更好的自己的期盼，使我不断前进，靠近理想的生活。

当艰难时刻到来时，我宽慰自己："生活会在我不知道的地方，给我一个惊喜。这是来给我个提示，我要好好爱惜身体，适度休息。"

当好消息到来，每每洋洋自得时，我会及时恢复平和。想到这份好的工作际遇背后，会有我不擅长的地方，面临的工作压力，需要承担的风险，付出的时间、精力。而后以平和的心面对生活。

永不失去发芽的心情

参加工作的师妹和我聊：当工作、生活进入平稳状态后，觉人生乏味，前二十多年的心愿都一一实现，一下子失去了生活的动力和前进的方向。

我回她之前我有过类似的感受，但现在不会这般想了。

我对生活的设想是多支点的：再工作几年，若厌倦了职场，我会考虑重新回到学校攻读博士，去拿到有难度的博士学位证；或许我在写书、做自媒体的兴趣中，有了新的人生际遇与发展，带我走向更远的地方；坚持运动，养护自己，或许在我三十五岁、四十岁时会拥有前所未有的好状态，经过时间的积淀，活成理想中的优雅女性；未来我还会成为一位妈妈，幼时给宝宝报兴趣班，我报中年兴趣班，弹得一手好吉他、跳出优美舞姿。

我从未给自己的人生设限，始终对生活怀抱期待。我今年三十岁，依然将自己当作"花朵"，相信我的人生有更多可能性。我可以更美、更好、更厉害、更优雅，自如自在地活。而稳定的工作与生活是我人生不设限的强有力支撑。

那日师妹问："师姐，你是如何活得这般积极明媚，始终相信，始终充满期待？"

我回复她："永不失去发芽的心情。"

即便身边人觉得，我们已经处于一切基本定型的阶段。但于我，我的内心仍然播种着一颗颗的种子，它们需要悉心浇灌，等待发芽，期望被看见，实现自己的真正价值。

当破土而出的意念足够强烈，拥有耐心，那些种子总会发芽。工作、生活稳定的"三十+"，人生奇遇时刻存在，我们终将抵达。

人生可期。

在生活中一次次养育自己

最近上瑜伽课，瑜伽老师反复强调"注意呼吸"。瑜伽课后，我跟老师说，我做起瑜伽动作，就忘记了呼吸，您一提醒，我立即呼吸，一旦刻意呼吸，就手忙脚乱，注意力赶快回到瑜伽动作本身，到最后已经不清楚要何时呼，何时吸，对正在做瑜伽的我是一种负担。

瑜伽老师对我说："有呼才有吸，呼吸是很重要的一件事，吸气是接收，是我们从外界吸取能量；呼气是给予，是我们把自己的能量传递给外界。如果在运动过程中，你吸气短促，呼气过快，久之你会匮乏，呼吸很累，那是因为你给的多，吸收的少。"

瑜伽老师教给我一个方法，做瑜伽过程中，身体越紧会越痛，越觉不自在，就越要保持慢慢呼吸。给自己一点儿时间，吸满一大口气，而后慢慢倾吐出来，如此这番，身体能得到放松。

现在生活中，每每紧绷或陷入负面情绪时，我都会提醒自己：把自己想象成一颗种子，种子发芽需要吸收水分，需要呼吸，再加上养分充足，才能茁壮成长。种子成长需要条件，我们做成事也需要条件，那便先准备好做事的条件，备齐种子发芽的条件，先做好准备工作，而后做成事。

　　生命的能量循环往复，认真地呼吸，永不绝望，不失去发芽的心情，滋养自己，在生活中一次次养育自己。

一切都来得及

这份倔强、勇敢是我身体里的一部分，已经刻在骨子里，是与生活中悲剧对抗的最后防御线。我们的身体、精神意志比想象中强大。

面对未知的恐惧感

周五傍晚，先生来接我下班，看到他的那刻，我努力强忍一天的防线彻底崩掉，我眼泪止不住地流。

二十来岁，无论遇到多么艰难的事，眼泪都不会掉一滴。三十岁的我更易感受到悲伤，在难过时刻忍不住流泪。

先生以为我是因生病要住院做手术的事担忧，在一旁耐心地安慰我："没事的，我们去找最擅长这方面治疗的专家给你看，我会一直陪着你，会好起来的。"我眼泪依旧止不住地流。他继续问我："怎么了，还有什么别的事儿吗？"

我委屈地说："今天单位安排我做一场工作的公开汇报，需要准备 ppt，我要查很多资料，下周要先做好一版，而且公开汇报的时间接近我的手术时间，要么手术做完两天，就进行公开汇报；要么公开汇报结束第二天，立即住院手术。"

那天晚上，先生带我去很期待的餐厅吃饭，饭后又兜风很久。春天的风吹在身上很舒服，没有冬天风的寒冷，也没有夏天的风的潮热，我感到久违的放松。

那晚入睡前，我再次崩溃大哭。我习惯自我反省，我努力自我察觉引发这波悲伤情绪的原因，想办法舒缓。

我这么难过，是担心工作汇报影响做手术进程吗？还是内心抗拒做工作汇报，不想承受背后的压力？抑或是不想这两件事碰在同一时间，让我感到紧迫？

都不是。我难过的根源是害怕。这两件事的同时发生，都在加重我的忧虑。

我也感叹，临近三十岁，还在因为一些事害怕。我从小到大，没生过大病，偶尔发烧咳嗽，吃些药打针就恢复了，这次的住院动手术是我人生的第一次。我不确定，打完麻醉药，还会不会有痛感；我不清楚，手术结束麻醉药散去后，会不会很难受；我不知道，这场手术做完，能不能恢复好。我内心的恐惧感加剧。

那晚，我不关心外面的纷纷扰扰，我全身心投注在我自己身上。我关心我的身体康复、我的情绪感受。

不执，是一种处世的人生智慧

那日去寺庙数罗汉，我求得的签文是："志性刚毅修道法，普施法雨济众生；懿德高行人敬仰，光荣大名传远方"。

我把签文发给朋友，朋友很快发来一行字："恭喜，以后文作家的写作之路会顺顺利利，会被更多人认识、喜欢"。我回了朋友一句谢谢。

其实，当时我心里祈祷的是另一件事，无关写作，无关事业，无关个人发展。那日，我拿着那支签文看了许久，我努力地从中找与我所求之事的相关信息，但没找到。

惊喜的是，那日回家路上，我收到出版编辑发来的约稿合作事项信息。收到编辑出版邀约消息的那刻，我内心闪过一阵愉悦，我要开启新的计划。自两个月前新书完稿，我还没再开启写作。

那日我在心里默默对自己说："以此为契机，从今天开始，重新开启每日看书写作的规律生活。即便我渴求的那件事还没能如愿，我继续开启我的写作生活于我是幸福的事。"

至此过去的三个多月，我的那份执念得到妥善安放。

不执，是一种处世的人生智慧。

在我重新决定开启规律生活的那刻，我突然领悟签文上的文字。数罗汉时或许不是我的心声未被听到，生活通过这种方式告诉我："很多时候，越是急切，越得不到，

有时会无心插柳柳成荫。过好自己的生活，想要的自然
会到来"。

相信一切都来得及

如今的我，依旧会急切地想向生活要一个答案，在等
待结果时还不能保持"庭前坐看花开花落"的心境，没办
法接纳不想要的结果，会难过、痛苦，甚至想逃离。

尽管偶尔脆弱，想打退堂鼓，但我身体里的那个自
己，比我想象中坚强，带动我积极生活。我走出去见朋
友，见能带给我能量、想法更开阔的朋友；工作一整天，
拖着疲惫的身体回到家，我打开瑜伽垫，先运动一小时；
过生日去拍公主写真，去一家特色咖啡厅静心写作，填充
生活的仪式感；我每日写情绪日记，疏解我的低落情绪，
走出情绪旋涡。

三十岁的悲伤，是一场与自己有关的小型地震，崩
塌、痛苦后自渡。内心的那座房子是如何崩塌的，得重新

修建好，重建的过程中总结经验、规避风险。

这份倔强、勇敢是我身体里的一部分，已经刻在骨子里，是与生活中悲剧对抗的最后防御线。我们的身体、精神意志比想象中强大。相信自己，养护好身体。

任世事纷扰，我决定松弛地活。面对即将到来的手术，我安排好工作，调整好心态，调理好身体，痛快平和地去做手术；内心有期待，便带着这份期待前行，准备好这份期待所需的条件，允许美好发生；偶尔情绪低落，我接纳情绪流转的自己，在与困境交手中领悟，在这段长长的绳子上打一个漂亮的蝴蝶结，一次次度过困境，这是生命的馈赠。

我相信一切都来得及，三十岁的我，生活中没有见招拆招，我尝试自我更迭，无论情绪如何沮丧，仍保留一部分坚强，安慰自己："一直相信，保持积极和美好期待，终将春暖花开。"

致敬始终在人生路上努力绽放的我们。

拨动命运的齿轮，融入我成为我

很多时候容易内耗，是因为顾及体面总觉尴尬，然而尊重自己内心的声音更重要。

尊重自己内心的声音

二十岁的读者跟我倾吐：她很不喜欢跟表妹一起逛街，买东西都是花她的钱，每次花完钱心里非常不舒服，陷入内耗。

三十岁的朋友在我们的好友群表达她的担忧，她跟男朋友准备明年结婚，今年男朋友在家县城首付了一套房，房产证写的是朋友的名字，房贷要用朋友的公积金还款。

朋友说："原本以为对方婚前给我买了一套房，后来发现我婚后承担更多。若有一天婚姻生变，婚前的首付钱是他的，而结婚后，用我公积金还的贷款，则是我们的共同财产。"

与人相处难免计较得失。若发现自己占到便宜，则会打心底觉着划算，若后知后觉自己并没占到什么便宜，则痛心疾首，把亏挂在嘴边。其实，你觉得赢也好，亏也罢，这都是自己事先默许的。既然加入这场游戏，便专注于游戏本身带来的快感。

我回复二十岁的读者："若与对方在一起时感觉不舒服，就保持距离；不愿意多付出，尝试有效拒绝；不愿意请客吃饭，就事先说好 AA 制，不用难为自己。很多时候容易内耗，是因为顾及体面总觉尴尬，然而尊重自己内心的声音更重要。"

我跟三十岁的朋友说："一段关系在走进婚姻前，自己便全面而透彻地想清楚，是时刻计算自己是否吃亏，还是好好地经营关系，带着智慧与爱长期稳定地向前走。"

爱的接力

年龄稍小的时候，我习惯在一段关系里计较。时刻拿出心中的一杆秤，称一称彼此的付出。若发现对方付出的少，我立马停止付出；若是感觉对方的付出多于我，我会赶快增加付出。

那是二十岁时我眼中的势均力敌。不肯多付出一分，也不愿对方的付出多于我。

有一天，我突然发现人的付出是算不清的。

几年前，纠结是放弃编制选择考研，还是继续在老家上班，我打电话给我很敬重的一位大学老师，她很真挚地给我提建议，我至今仍记得她跟我说的话："你父母说你不听他们的，以后后悔了别怪他们，但换个思路想，你听他们的，选错了，以后他们能对你的人生负责，能让你不后悔吗？"那通电话，让我清醒：我的人生是我自己的，谁都没办法为我的人生负责，除了我自己。

　　大学老师的那番话使我觉醒，促成了我当时做出放弃老家稳定工作去考研的决定，至此我命运的齿轮开始转动。

　　这些年来，我出版的每本书都送给老师，曾请老师一起吃饭，给老师的孩子买礼物，感谢老师在我人生关键时刻给予我的帮助。

　　读研三年期间，有博士师兄的善意帮助以及博士师姐在关键节点的点拨，使我的读研生涯少走了弯路，不再艰难枯燥。我对师兄姐表达感谢，请他们一起吃饭，在他们博士毕业时给他们送束鲜花祝福。

　　我带着对他们的感恩，去善意地帮助师弟师妹们。而我帮助过的他们也对我表达感谢，如此往复……我将前辈们给予我的温暖，传递给我的后辈们，完成爱的接力。

　　终其一生，我们带着对一些人的感恩，去帮助、温暖另一些人。这份爱的接力是人间很美好的事。

放下助人情结，设置边界感

回到最初的问题：如何面对人际关系中不可避免的纠缠所带来的内耗？

宽容中有边界感；善良中有锋芒；柔软中坚定。

我早上刚睁开眼，微信收到满屏充满负能量的吐槽文字，我是一个不喜欢听传播负能量言语的人，我的第一反应是关掉此微信对话框，但想起我也曾迷茫过、纠结过，得到了善意的帮助得以走出来，便认真地给对方回复。

若听完我的开导，对方依旧陷进自己的情绪里，不肯走出来，那么即便再想帮助对方，也依旧会"放下助人情结"，这便是有边界感。

大多数时候，对身边人保持基本的善意，能提供帮助的尽力而为，带着善意看待生活；但若对方将我们当作老好人，得寸进尺，那便保持冷漠的疏远，必要时展示我们的锋芒，让对方意识到我们的底线，守护好自己的小世界，此谓善良中有锋芒。

有些时候，适度展现柔软脆弱的一面也是有必要的。但若旁人当真以为我们可以被欺负、拿捏，是时候展示自己的实力与坚定态度。

在人间谋生，想要完满，是复杂的一件事。有时我们要不说硬话，有时又要不做软事；有时我们要保持必要的低调，有时太低调又容易被人看低进行语言暴力，需要适时的高调与张扬；我们要温柔善意，同时保持坚定、有边界感在这个世界前行。

哪有事事、时时适用的方法，我们有时得进，有时需退，有时需激进，有时要保守，有时需大方，有时小气一点儿也没关系。人生根本没有唯一的标准答案，也没有一法皆可用的方法论。

这一世，无论跟任何人打交道，想要不内耗且轻松，唯二字：适时。在适当的时候，做适当的事，适时地前进，适时地静观其变，适时地展现锋芒，适时地保持沉默，适时的大方，适时地设置边界感。

总有年轻读者问我，轻拿轻放、稳妥体面的熟女是什么样的？

　　答案依然是：适时。

　　在恰当的时候，表达恰当的情绪。以及偶尔，在不那么恰当的时候，也会去表达不恰当的情绪。前者叫作成熟，后者叫作真性情。

轻舟已过万重山，小满胜万全

小满胜万全，"小"中有余地，"满"里藏欢欣。

过盛易亏，差一点，但又刚刚好，才是最好的状态。

专注于自己的生活，不比较

年轻女孩来问我，身边朋友获得更好的工作，赚更多钱，嫁有钱老公，她不仅不能发自内心为对方感到高兴，反而有很大心理落差，这合理吗？

我回她："好胜心是人正常的情绪，就和我们偶尔会感到难过、悲伤、愤怒一样，是我们情感的表达方式。"

她说："但是我会因为这份好胜心不快乐，我会忍不住去关注对方的动态，看到她取得的进步我心里很难受，看到她分享的美好生活我更是羡慕、嫉妒。凭什么她拥有这么美好的一切"，她继续问我，"你会默默嫉妒某个人吗？"

"以前有，但现在不会了。"

她问我是如何转变的。

"有一天，你会发现每个人都有自己要完成的人生课题，人生得拉长战线看。你现在看到别人职场顺意，生活美好，爱情美满，这是此时；而在彼一时，该她面对的人生难题一样也不会少，职场瓶颈、生活日复一日地无味、怀孕生育面临的挑战，人到中年，寻常中年女性有的那些结节、息肉、增生；再长远点儿，若干年后，要面临父母离世的难受，也要经历独身一人的孤独。这些该面对的人生课题，都一样。"

人类的归途都是一样的，不去比较，专注于自己的生活。

做长期主义者

单位四十多岁的女同事，老公在航天研究所工作，女儿考上武汉市的十大知名高中，自己工作稳定，按时下班，健身、辅导女儿功课。在旁人眼中女同事事业、生活皆圆满。

没料到，上周还在单位好好上班的她，这周一得知，她去医院检查发现乳腺结节已不规则，可能癌变，她便赶紧请假做手术。过了几日，再听到她的消息，病理结果出来了，癌变了，要做八次化疗。

听到这个消息，同事们叹息。稳定的工作，圆满的家庭，美好的生活，但身体是这一切的基础。

我到三十岁，才渐渐明晰，关注谁又买了什么包，谁又被调到哪个好单位，谁又升职了，这些攀比、欲望已经不再重要。

如今，慢慢真切感受到"此一时彼一时"的含义，人生得拉长了战线看，做长期主义者，我们要对生活有信心，也对自己有信心。

轻舟已过万重山

前几日，和许久不见的朋友吃饭，对话中她突然说："你变了，你以前斗志满满，立志翻阅人生的一座座大山，如今变得这般佛系起来。你才三十岁，怎就失去了斗志呢？"

若以往的我听到这番话，定要自省几天，深度剖析"自己是不是不够努力""是不是不上进"，还会给自己打上满满鸡血，激励自己更上一层楼。

高山我翻过，山上的风景我看过，很美；外面的世界，我尽全力去看过，丰富多彩；"不被同龄人落下"的口号我践行着，这几年不停歇地赶路，哭过、嫉妒过，也完成了自我实现，我用了浑身的力气才拥有此刻的一切。

这一路因着自己的好强心一路向前，我拼命活成世俗眼中很不错的模样。但是，那个时候我好累，为了竞争成为最好，身体超负荷地去学习、工作，情绪被焦虑、恐惧、担忧充斥着，生怕自己多睡了一会儿觉，多刷了一会儿手机，就被同龄人甩在了身后。

如今轻舟已过万重山，我不再因为他人的评价而去自我批判。

我只缓缓对她说，这半年住院两次，手术两次，我认清两件事：余生，我要健康的身体和快乐的生活。

做知自己冷暖的人

那日，躺在手术室，麻醉医生给我打完麻药，把手放在我腰后，跟我说："如果你觉得困了，就好好睡一觉，睡醒就好了。"听他说完，我缓缓把眼睛闭上，而后失去知觉，再醒来已在观察室，护士把我叫醒，喊家属推我进病房。

手术后的很长一段时间，忆起麻醉医生和我说的那句"如果你觉得困了，就好好睡一觉"，依然很触动，我已经很久没听到了。

现在我听到的都是："一定要在某日期前，把资料发我""那就辛苦你加加班，把这份资料写完"……他们用着表面客气但实际令我备感压力的话让我必须完成，用着最礼貌的话语让我熬夜加班，完全不顾及我是否休息得好，我开不开心，我累不累。

我不想再这样活。

办理出院那日，我对自己承诺："从今以后，要做一个知自己冷暖的人，天冷时添衣，天热时降温，饿时好好吃饭，不开心时表达，感觉累时睡觉。遵循四季规律，遵循自然规律，好好地重养自己一遍。养好身体，养好情绪，然后养好整个人生。"

我把这段亲身经历完整地记录下来，其实人生过得快乐与否，与个人职位、获得，关系并不大。

在很多时候，接纳自己偶尔的脆弱，释怀、放轻松，关注自己，热爱自己，才是生活的答案。

小满胜万全

年入三十，我的人生课题，不再去比较，只发自内心养好自己的身体，且保持精神松弛。

前几日，与认识十多年的朋友聊天，她现在在老家县城做公务员，另一半也是体制内，工作稳定，在老家买了房，准备结婚了。但朋友始终觉得遗憾，她还是想重回武汉，不想就此在小县城定居。

她觉得自己目前的生活，一切都不是那么满意，但又过得去。

我回她："小满胜万全，'小'中有余地，'满'里藏欢欣。过盛易亏，差一点，但又刚刚好，才是最好的状态。"

年纪再小时，凡事追求圆满。如今经历越多，越觉得凡事都有度，总会有缺憾的地方。把关注点放在自己身上，过好自己当下的生活。

林清玄先生曾赠予我一本书，书上写着：

"所有的遗憾，都是成全。"

人生唯有坦然看待得失，方能活得自在安然。

你若爱，生活哪里皆可爱；你若成长，事事可成长；你若快乐，生活总有乐在其中的办法。

做自己生活的掌舵手

世界向前，我们向上。只要留在牌桌上，就可以继续玩下去，像游戏通关一样，这一关通过了，便开启下一关。

面对孤独、无趣且乏味的生活

女性朋友来找我倾吐烦闷："工作说不上喜欢，也谈不上厌恶，挣的那份工资算不上多，但也足够自己生活。每日被工作消磨热情，下班回到家简单寻点吃食、洗澡、躺床上刷手机、凌晨睡觉，或者换句话说，是在等第二天上班时刻的到来。日复一日，无味得很。"

　　她问我，三十岁女性的独居生活，是否真的如此乏味，没有二十岁出头呼朋唤友的群聚热闹。在格子间工作一天，实在再无精力出去社交，好似现在对什么都提不起兴趣，越来越感觉无趣，也越活越乏味。

　　类似的情况，在一线城市工作的表弟也跟我倾吐过。独身一人在一线城市上班，想回武汉，但在武汉又找不到合适的工作。不回武汉，日日夜夜独自在一线城市，日子疲乏得很，好似当下活着就是为了去上班挣钱。

　　表弟倾吐："在这种环境待得越久，越感觉自己就像生活的傀儡，失去自主思考，失去对万事万物的兴趣，每日托着疲惫空洞的眼神，挤地铁、电梯……在别人眼中，我的职位越来越高，赚的钱也越来越多，只是我已经很久没有发自内心地感到快乐了。现在最怀念的是我小时候，跟兄姐们一起去山上摘桃子，一起去鱼塘里钓鱼，抑或是夏日顶着最火辣的太阳，跑到荷塘里去摘莲蓬，那时真快乐。尽管身上被树枝刮得有各种划痕，钓鱼的鱼饵还是我们自己从土里挖出来的蚯蚓，摘完莲蓬一身泥巴，那时也没多少钱，但那时的快乐是发自内心的。"

他问我："当下的困局如何解？那失去的对生活的
热爱，还能找回吗？以后还有机会发自内心地感受到快
乐吗？"

忆起读研时，我和博士师兄师姐们做过的一项调研，
通过收集大量的数据进行分析，我们当时得出一个结论：
现在年轻人的孤独感、无力感倾向越来越严重。这是城
市化进程的必然结果，是互联网发展的必然趋势，是社
会各方面压力下的集中产物。

作为社会中的普通一员，我也没有成为那个例外，曾
有很长一段时间，我也在找寻"如何面对孤独、无趣且乏
味的生活"的答案。

负面情绪来时，先不去抵触

二十五岁到二十八岁，我曾陷入深深的虚无主义。白
天时，我生活规律，六点半起床，泡一杯黑咖啡、运动一
小时、冲澡、换身喜欢的衣服，去食堂吃早餐。在八点十

分左右，拎上电脑，背起书包，去图书馆或咖啡厅一整天。中午出去找点吃食，吃完午饭再回到电脑前，写作或写论文、找资料、看书。

这样的生活看起来自律，但一到傍晚，我心里就开始有种说不出的难受，屁股底下的那方凳子像是生了针，如何也坐不住。起初，我安慰自己，在一个环境里待了一整天，感到厌倦想要离开，是正常的。那便回去休息放松。

但是，休息下来，我依然不快乐。我感觉自己没办法接受日落，没办法去清醒地面对夜晚的到来，也无法理直气壮地追剧、玩闹。我不知如何度过漫长的夜晚，我心中有股无法排解的低落情绪，无法倾吐出来。

那时的我选择了一种方式去消解这份孤独。每日傍晚，我拎上电脑，背起包从图书馆回宿舍，在回宿舍的路上有一片树林，树林里有可以休憩的长椅，旁边有水果店、打印店、小吃店，以及便利店。而我每次在回去的路上，总感觉有种神秘的力量牵引我走进那家便利店，打开冷藏柜，拿上几瓶啤酒，再买一盒毛豆或一包零食，回宿舍。

有时我与室友一起喝喝酒，聊聊天；有时我拿出平板，伴着电视剧或综艺，自己喝。

她们说啤酒是苦的，但那时的我觉得那份苦刚刚好。就像曾经很长一段时间我写作或看书必须喝一杯美式那样，要越苦越好，那份苦会提醒我："你在做很辛苦、需要很专注的事，就像这杯咖啡一样，虽苦但你依然能喝下去"。而啤酒的苦涩感，会给我一种松了一口气的感觉，让我在酒精的刺激下，放松下来。

每晚喝得微醺，而后爬到床上睡下。不管前一日，喝多喝少，第二日六点半闹钟响起，照常起床运动。室友们说我对自己太狠了，不管前一日发生什么，第二日天一亮，一切照常。照常地自律，也照常地崩溃。

直到后来，我不喜欢这样的自己，一边自律，一边靠酒精麻醉，很分裂。我主动找心理咨询师做心理咨询，我跟我的咨询师陈述完我的情况，她并未直接告诉我该如何做，而是抛给我一个问题："如果傍晚，你难过了，不去喝酒发泄，就坐在那里，你会怎么样？"

我回复："可能会更烦闷吧。"

她继续问："那样会有什么后果吗？"

我认真地想着那样带来的后果，并告诉她："我会心里很烦，很崩溃，很难受。"那次咨询结束时，她留给了我一个题目，下次情绪再来的时候，就试着什么也不做，坐在那里，用文字记录当下内心的想法和念头。

第二周心理咨询时，她问我的反馈，我跟她说："一切还好，就是情绪到来的那个瞬间心里比较烦躁，但静静待一会儿，待情绪消散，待自己从这场情绪中清醒过来，会恢复原有的平静，更甚至会庆幸'还好没有冲动地去便利店买酒'。"

咨询师告诉我，我内在其实住着一个未成年的小孩。长期以来，我追求积极的情绪、健康的品质，在我心中难过、悲伤、孤独、痛苦、无助都是负面的情绪，对于负面情绪我向来采取远离、逃避甚至扼杀的方法，以至于我内心的那个小孩并不知道如何与负面的情绪相处，遇到负面情绪她也只知道逃避。但是，情绪也会长大的，当它有一日长大到我再也没办法逃避、控制、扼杀时，它就成了困住我的存在。

我的咨询师分享了一个与情绪相处的方法：

"当下一次你不想应对的负面情绪来临时，先不要去抵触它，且只把它当一个朋友。当你感觉它要来了，你且平常地对待，心里想着'只是老朋友来了而已'，让它到来，让这份情绪在你身体里静静流淌，而后等它离开。"

那些负面情绪，并非洪水猛兽，它们并非只有坏处，或许有时它们的来到是为了给你提个醒。我们的身体比我们的语言和想法要诚实，试着与你的身体、你的负面情绪做朋友。若你心里感到委屈，或难受，或焦灼，一定是你在哪里忽略了自己的感受，去找你忽略了自己什么。

不要去抵触那份孤独感、难过感，去听一听你的身体想跟你说什么，静下心去思考你究竟想要的是什么。"

靠近高能量的人

二十八岁研究生毕业参加工作时，我也曾有一段情绪失控的日子。那时我终于过上了想要的生活，工作稳定、单位同事友好，尽管工作内容也有焦心时刻，但一切尚在变好。过去几年，我一直在追寻的路上，一份研究生录取通知书、一张研究生毕业证、一个硕士学位证以及一份安稳的工作，当一切都如愿实现后，我开始迷茫起来。

每日下班早早回到家，也觉得无聊。原本一天的工作损耗了精力，回到家纵有大把的时间恢复，但提不起精神做任何事，于是便躺着刷手机，看网页、追剧，以及吃零食。

很长的那段时间里，我提不起兴趣做任何事，觉着生活里没任何期待。晚上空闲时，不愿出门见朋友；周六日不想去周边游玩；小长假一想到外面人挤人也不想出去旅游。与此同时，生活也没有其他的乐趣与期待，每日按时上班，下班后回到家躺着，没有想要的东西，也没有很讨厌的东西。

我活成了没有生活的乐趣、情趣、童趣的人。

我知道这样的生活不能再过下去了，感觉要颓废。那日中午，我在笔记本上写下可以拯救我的朋友的名字，我不能再活在自己建造的信息茧房里，我要去了解同龄人的生活。我要去找他们吃饭聊天，去看看他们内心是否也有类似的困惑，我决定去靠近更高能量的人，制造一个被感染、被打动的环境。

那日中午，我给博士小师兄发消息，问他近况如何，最近很是想念师门，想念校园生活。博士小师兄很快回复我。

近半年来，他近视的度数上升近四百度。导师对他很好，给予他很多资源和时间，为不辜负导师的期望，他连续熬大夜看文献、找数据、写论文；今年下半年会比较辛苦，要发两篇 C 刊，并完成博士毕业论文的开题。

还与我分享大师兄的近况，我入学那年，大师兄在读博二，大师兄是硕博连读，原本他两年前就要毕业了，但因为博士论文，他延毕了两年。今年虽已完成博士论文，但在论文送审之前又发现很大问题，现在导师和师兄师姐正加班加点一起帮他修订论文。

那日小师兄给我发了很长一段话，字句真诚，我看完很感动。在那段话的最后有这样一句："大家都很疲惫，但好在快结束了。"很普通的一句话，很常见的烦恼，但那日，在读小师兄给我发的这段消息时，我内心极其踏实平静，我心底的那部分虚无慢慢消散。

我回复小师兄："虱子在我们华美的袍子上密密前行，我们要忽略它们，披着袍子穿过森林。"

那场对话结束后，我在想：作为普通人，我很容易受大环境影响，会不快乐，感到压力大、窒息，觉得虚无。然而我面临的这些困境，还有很多人正在经历。类似的人生课题摆在面前，有人选择任虚无吞噬自己，无趣乏味地度过；但还有更多如我博士师兄般，正在用自己微弱又强大的能量，去抵抗虚无，从日复一日地虚无中寻找间隙，插上自己的理想主义，为自己赢得一个期盼，构建属于自己的那份美好。

那么，我想怎样过生活。是想继续过辛苦但滚烫的人生，还是真的想就此"躺平"，轻松乏味地过生活；是想给自己构建一个美好生活的理想，并努力实现它，还是选择被疲惫、无趣侵蚀身心，过随波逐流的一生；是想继续充满生命力地活着，继续野心勃勃、继续生动，还是成为那个做任何事都提不起兴趣，把哈欠和无聊挂在嘴边的人呢？答案是前者。

我当像鸟飞往我的山

跟师兄聊后没多久，大学室友约我去江边散步，吹江风、看夜景。四月中旬的武汉，天气已渐渐转暖，穿一件卫衣走在江边正好。从我工作单位到江边，不过二十分钟的车程，尽管距离如此之近，但我已经很长时间没来了。

我站在江边，兴奋道："这也太美了！好像重庆洪崖洞边上的景象，我还未曾发现武汉的江景竟如此好看。"室友笑我闭塞，尽管在主城区的市中心工作，倒还不如在黄陂上班的她看得多。每年出去旅游，没想到在家门口竟然也有如此美景。美景常有，就看是否有看美景的心境。

那晚在江边散着步，室友跟我聊起往昔："七年前，大学毕业的我们一定没想到，凭着自己的努力，我们真的能在武汉定居、生活、工作，且过得挺不错。"

我们都是小地方女生，当年考的也都是普通本科，本科毕业后，也过了不少苦日子。刚毕业那年，她为爱奔往厦门，在厦门一家游戏公司工作一年，而后回到武汉一家互联网公司工作。在武汉的那年，我们在一起合租，她的工作经常要上夜班，她那时的状态也很差。

那几年，我过得也不顺利。毕业那年，父母找熟人帮忙我进入深圳一家知名传媒集团上班，在深圳待了半年，我无论如何也没能习惯，顶着"辞了这份工作，可能再也找不到更好的工作"的压力，我还是辞职回到武汉。那几年，我写文字做自媒体，挣了些钱，经济状况良好，但父母觉着若我没份稳定的工作，即便挣再多的钱，也不算体面。

扛不住父母压力，合租的第二年，室友考取老家的"三支一扶"工作，回了老家。本着试试看的态度，我报考了老家的一个事业单位，结果成功考取。在体检完毕，准备签约的那天，看到岗位告知书上写着最低服务期限五年，我决定放弃，转身递交了一份岗位放弃说明书。那年，我二十四岁，我觉着我此时正年轻，心中还有很多想做的事，我要为自己的想要去拼一把。

那时，我与父母的关系降到冰点，父母不同意我的做法，他们愤怒地斥责我："你就是太年轻，那么多人想要的工作机会，你自己说放弃就放弃，你以后会后悔的。"

那年八月，我买了大量研究生考试资料，备战考研。本科毕业两年后，我带着那颗想要沉浸式学习的心，开始了跨专业、跨学校的备考之路。我父母一样不解，更甚至还对我说："你就不是擅长学习的人，考研这么难，不是你看看书就能考上的！"

后来我考上了心仪学校的研究生，实现了研究生梦。人生并不向来如此，旁人更关注我们的结果，是我们自己注重过程。更甚至我们拼搏的过程越少地告知旁人，保持神秘感，用结果惊艳所有人。

我研二那年，室友来武汉找我，她考上了武汉市的事业单位。我没问她这三年是如何过来的，只隐约听她说，回到武汉后，她的头发又开始长密了，作息规律，身上的结节也消失了，精力和状态也好很多了。

我的研究生导师很严厉。那几年，被批评，被骂哭，压力大到我时常觉得没办法顺利地毕业了。但在煎熬中，我以真诚的态度对待学业，以谦卑之心，依然站在导师身旁悉心请教，即便有时被冷落、忽略，那些情绪到最后一一化解。

现在回想，那几年喝酒、情绪失控，与这段经历有很大的关联。但这些都不再重要。论文答辩那天，我凭着这三年勤勤恳恳对待学业，取得了优秀毕业论文成绩，得到了学校领导的称赞："口才好，逻辑清晰，专业知识扎实。"最后，在那一摊泥泞里，我开出了漂亮的花。

紧接着毕业求职季，我过得也煎熬。身边的同学们都拿到了企业的 offer（录用通知），我仍然在执着地准备着我的各项考试，在图书馆里看一份份考试资料，刷一本本题，为一场未知结果的考试拼搏着。

室友拿到 offer 那天，担心我受影响，她很真诚地对我说："我不像你那般有底气，你已经实现了经济独立，可以把所有的精力放在考试上，再拼一次。我得先拿到一个 offer，先挣钱养自己。所以，你别因为我拿到了 offer 而被影响，你继续安心做你想做的事。"

这次，如之前般，我依然选择 all in（全部投入），把我的所有都放在牌桌上。我倾注我所有的专注、耐心、努力，为一个好结果。最后，我考取心仪的工作。

那晚走在江边，回顾这些年的点点滴滴，我情不自禁地与室友说："我用了七年的时间，帮自己实现愿望，拥有现在如愿的研究生学历、安稳的工作、心仪的亲密关系、美丽的江景房，我的内心充满了底气。"朋友说她也是。

七年前，我从未想象，我会拥有这一切。但是，七年后，我走向更远。知足且感恩，带着这份生活的恩赐，继续热爱生活。

那晚，在江风吹来的一层层浪声中，我的心事也被吹散了。

做自己生活的掌舵手

那日，我回复女性朋友："我们有帮助自己实现愿望的能力，就如曾经很多次帮自己实现愿望一样。这一次，再认真问问自己究竟想要什么样的生活，再帮自己实现。"

关于我思考的那个问题，我找到了答案。

二十岁的心愿，我一一实现。现在我又许了新的愿望。新的愿望不是一朝一夕之功，需要花时间才能实现。

总有想要实现的，也总会有被满足的时刻。被满足本是好事，即便后来发现实现后的人生，也不过如此，甚至没有想象中的那般惊喜与快乐，也没关系，平和才是人生常态。**世界向前，我们向上。只要留在牌桌上，就可以继续玩下去，像游戏通关一样，这一关通过了，便开启下一关。**

更年轻的时候，厌倦通关类游戏，一关打完，再来一关，没有尽头。如今三十岁，只觉庆幸，幸好人生是一关接一关的通关游戏，若只一次通关抵达终点，再无目标，人生着实无趣味。

那晚，在江边停靠的一艘轮船旁，我与室友拍了张合照。拍完合照，室友说："扬帆起航。"带着"扬帆起航"的寄语，如今再回看我与室友那张合影，确实有那意味了。

我们要一次次扬起自己的帆，如曾经很多次那样，带自己去领略美好的风景，在与海浪搏斗的过程中找到生活的乐趣，做自己生活的掌舵手。

把目光从别处收回到自己身上

如今的我，把目光从别处收回到自己身上，自信地将全部注意力投入到自己此刻正在做的事情上。

尽力为之，无愧自己

2024 年一整年，我生活得急匆匆，我给自己定下在三十岁之前要完成的目标，每日都是焦灼赶路的状态。这一年，有收获，也失去很多；笑过，也哭过。2025 年，即将迎来我的三十岁生日，我曾以为快到那日时，我一定是紧张的。

然而恰相反，站在三十岁门口的我就像即将进入考场的学生，准备这场考试的过程中崩溃过、恐惧过。当真正站在考场门口，即便还有五分钟开考，反而内心无比地轻松，还会在心底为自己打气："为了这场考试做了那么多努力，挣扎了那么久，即便还有些地方做得不够圆满，但我尽力了，我问心无愧，大胆地、无所束缚地去答好这张考卷吧。"

即将三十岁，在面临人生这场考试时，我终于不再用"你肯定会比别人考得好""你肯定会取得让大家都为你骄傲的成绩""你肯定会活成大家羡慕的样子"这样的字眼去激励、肯定、认可自己了。

我花了二十九年时间，发自内心地相信，人生是一场只属于自己的考试，无须满足他人的期待；不是非要比别人拿到更好的奖牌；并不是一定要比其他人跑得更快、更远。这场考试，好坏成败都只与我自己有关，无关其他任何人。

不需要为任何人的期待买单，也无需向任何人证明，我们只要做到：尽力为之，无愧自己。

不自证，不受力

不自证，不受力。这是我近年来一直努力修炼的一件事。不解释，不再向任何人解释自己，所见即是我。

二十岁时，我写过一本书《别人的眼光没资格打败你》，直到三十岁，我终于问心无愧地说："我真的做到了。"

即便被单位领导劈头盖脸一顿批评，甚至严重误解我，我也能无比平静且礼貌客气地回复："我明白了，谢谢您。"不去解释，也不去在这场批评声中过多纠结，将自己快速抽离出来，投入到日常的生活中。

我的导师是研究传播学的资深教授、学者，他授课时经常讲到，"一切传播都是关于意义的传播"。在某种程度上，他人对我们的某种评价，看似只是一句语言，但背后藏着他人长期以来对我们的态度，隐藏着他人对我们的主观价值态度，藏着目的。或为了更易对我们进行职场驯化；或为了 PUA（精神操纵）我们；或其他的意图。以及他们的评论也体现着他们的认知，大多数情况，他们只能看到自己认知范围内的事。

以及人性复杂的层面，"当一个人跟你撕破脸，说明对方早想这么做，终于找到机会了"。我们不该因别人人性里无法自我和解的部分，去否定此刻的自己，更不该因别人脱口而出且并不负责的话，去怀疑自己对人生负责的态度。

面对批评，最好的办法是不纠结，不理会。任凭对方怎么说，我只平静地站在你面前，我不生气、不解释，也不发疯，我甚至礼貌客气地说些能让这场对话尽早结束的客套话。因为**我无比坚定地信任自己，我无比清楚自己的为人，我无比明白我当下所做的每件事的意义。**

我相信自己的决策，不会被旁人干扰我的认知，也不会因别人的错误买单。对方说不中听的话，甚至误解，那是他存在认知偏差和局限。

任尔东西南北风，我会扬起我的帆，掌好我的舵，坚定地驶向我的彼岸。

把目光从别处收回到自己身上

不再羡慕，去成为更好的自己。

二十来岁的女孩，容易善妒，稍不留神就会活得拧巴。观察身边人，她们的工作、体重管理、男朋友的条件，甚至谁嫁得更好，谁买的房子地段更优。时刻关注身边人的生活，比较谁过得更好。坦白说，年轻时我也是善妒的阿修罗。

这两年心态愈发平和，自动疏远那些爱玩"人生比较"游戏的朋友，去结交发自内心欢喜的朋友。我们很清楚来时路，知道一路走到这儿的辛苦，真心地祝贺彼此成为更好的自己，也真诚地为彼此的幸福而高兴。

若问我，如今再看到朋友被评副教授职称；看到好友的文章发 C 刊；看到同学考上更好的工作，走向更高的平台，结识到更优秀的人，真的不会羡慕吗？

我无比坦诚地回答，不再羡慕。

我清楚，以上任何一件事，都不是轻松做到的，她们一定经历过很多个晨间的寂静、不眠的星光；清晨的克制、孤军奋战的坚持；以及咬紧牙关一定要做成的日日夜夜，才成为此刻的自己。

我不再羡慕她们，也并不嫉妒，我只会发自内心地祝福她们，而后激励自己，要再勇敢些，去努力播种，耐心浇灌，总有一日，我想达成的也能如期许的那般开花结果。

如今的我，把目光从别处收回到自己身上，自信地将全部注意力投入到自己此刻正在做的事情上。

谢谢我身边那些努力的女性，让我看到努力的意义，相信女性的力量！

感谢总能看到女性积极面且保持乐观的自己，才有此刻温柔、坚定且包容的我。

不打压，鼓励自己

不打压，鼓励自己。是我对自己的期许。

过去一年，我的状态一直不太好。

初入职场，我质疑过自己对这份工作的能力。工作经验不足，担心工作出差错；曾很想逃避工作的纠葛。工作令我痛苦。

工作的忙碌与疲惫，压缩我的写作时间，也日渐消耗我的表达欲。越忙，写得越少；写得越少越怀疑自己灵气不再；越是怀疑自己，越是迟迟不动笔写，陷入负面情绪循环。

工作带来的情绪压力，积攒在身体里，身体状态变差。很长一段时间，我感觉自己身体出了问题，做各种检查，抽了几十管血，拿着一沓没问题的检验报告，依旧觉得是不是还有没检查到的地方有问题。

当这些负面情绪积攒到一块儿，朝我涌来，我变得紧绷。有一段时间，我看事物非常消极，每日睁开眼，不是充满希望和元气满满，而是觉得烦闷。当生活的琐碎全部扑向我时，我曾冒出破罐子破摔的念头。当充满期待地做一件件事，得到的却是一次次失望的反馈时，我内心无比绝望。

二十岁时，我在文章里写，我们要为想要去坚持、死撑。那时的坚持为某场期待，为实现某个人生目标，为活得更漂亮。

然而，三十岁的坚持没有轰轰烈烈，没有惊心动魄，甚至很多时候也找不到坚持的具体目标和期待。三十岁的坚持像是一场悲壮的个人战，我们日复一日地站在这里，不因被看见，也不奢望取得多少人生进步，甚至不为活得多么漂亮。更多时候，我们仍然坚持着，仅仅是为了证明我们还活着。

在文章里这般表达，很容易被理解为我生活得悲观。但是，我相信每一个真正经历过生活的绝望，体验过生活的辛苦，处于人生瓶颈期的人，能懂得。

活着从来不是一件容易的事，这是生活的真相。然而，生活又远不止于此。

美好即将发生

任何时候，都要好好吃饭，好好睡觉，好好生活。那日，我脑中冒出一个念头：穿一件好看的衣服，拍一张美照，甚至是给自己做一顿想吃的饭，对自己说一句话好听的话。不要活得像被生活打败了一样，这句话反复在我脑中浮现。是啊，即便在世俗眼中，我这一年活得并不算成功，工作做得勉勉强强，医院跑了很多趟，生活平淡，写作也没多大进步，那么，这样的我就不配开开心心地活着吗？这样的我就不可以漂亮地活着吗？这样的我就不能抬头挺胸骄傲地活着吗？我偏不。

生活越是不如意，我越是要漂亮地活。我要穿明媚的红衣战袍，我要挺直腰板，我要眼神坚定，我要走路带风，我要恣意洒脱。

越是被生活按在地上摩擦，越是身处人生低谷，我越是要反其道而行，借风破浪、逆风翻盘。越是低谷期，越容易蓄势弹向更高、更远的地方。我不仅不能活得像被生活打败了一样，我还要漂亮地活，坚持不下牌桌，打好生活发给我的这副牌，打出精彩纷呈。在这场战斗中，我要用上全身力气，让生活那杆天平倾向我，赢个大满贯，活成被生活偏爱的样子。

前几日与朋友吃饭，我坦露 2024 年过得特别不如意，

2025 年 1 月 1 日零点伊始，我明显地感觉生活各方面在慢慢转运。

人真的需要某个很有仪式感的时间节点，给生活来一场盛大的除旧迎新仪式，告诉自己不好的日子已经过去，接下来的日子都是崭新的，可以由自己创造的，美好即将发生。心态地转变，生活将慢慢好起来。

以新年伊始为契机，我许诺自己，在新的一年，要快乐地活，自由地活，舒服地活，不为任何人活，每一天为自己而活。

这本书里，我记录了很多我的不堪时刻、悲伤瞬间，以及很多我从未公开表述的人生至暗。想告诉看到这里的你们：在人生的逆境时日里，真的有人不曾颓废、不曾荒废、更不曾自甘沦为强力的爪牙；真的有人仍在挣扎着，努力朝着光明靠近。这艰难的一战，我打过。是挺难的，但坚持下去，总会漂亮地赢一次的！

我诚心祝福，以此成为改变的契机。从看完这本书的此刻开始，我们开心地活，勇敢地活，漂亮地为自己而活。

"然而我们身上成千上万的细胞都伴随着我们，作为身体的守护神，身心愉悦就是风调雨顺，爱自己就是普度众生。"

从现在开始，做自己的守护神。

文长长

2025 年 1 月 13 日